Elementos genéticos móviles.
El genoma indómito

Elementos genéticos móviles. El genoma indómito

Primera edición: 2020

Depósito legal SE 487-2020

ISBN: 9788417979348

ISBN: 9788499275345

Impreso en España – Printed in Spain

Elementos genéticos móviles. El genoma indómito

Pablo Tristán Ramos
Francisco José Sánchez Luque

Mc Graw Hill | AULAMAGNA
PROYECTO CLAVE

UCOPress
Editorial Universidad de Córdoba

Colección cuadernos de innovación docente (CID)

Coordinador
Manuel Pineda (UCO)

Índice

1. Introducción 13
1.1. Del DNA repetido a los elementos genéticos móviles 15
1.2. Aproximaciones metodológicas para detectar nuevas inserciones de elementos móviles 19

2. Tipos de elementos genéticos móviles 23
2.1. Retrotransposones 26
2.2. Transposones de DNA 37

3. Elementos genéticos móviles activos en humanos y su regulación 45
3.1. Long Interspersed Element 1, LINE-1 o L1 46
3.2. *Alu* 52
3.3. SINE-VNTR-*Alu* o SVA 54

4. DNA egoísta o motor evolutivo 57

5. Retrotransposones en cáncer 63
5.1. Tumores donde se ha detectado actividad de los retrotransposones 64
5.2. Papel del L1 en oncogénesis y progresión tumoral 66

6. Mosaicismo del genoma somático 69

7. Conclusiones 73

8. Bibliografía 75

Nota de los autores: Los acrónimos procedentes de locuciones en inglés se han mantenido en esta lengua para facilitar su reconocimiento en textos internacionales y han sido descritos en notas a pie de página. La versión en inglés de los términos más específicos traducidos o castellanizados por los autores también se indican en notas a pie de página. Los vocablos procedentes de otras lenguas y no traducidos se indican en cursiva.

1.

Introducción

Los elementos genéticos móviles (MGEs o TEs[1]) son un grupo polifilético de secuencias que están presentes en todos los organismos vivos estudiados hasta la fecha y que tienen la capacidad de movilizarse dentro del genoma hospedador. Muchos de estos elementos se movilizan generando una nueva copia de sí mismos, y esto ha hecho que hayan contribuido a incrementar progresivamente el tamaño y la complejidad de los genomas. El avance de la tecnología de secuenciación masiva ha permitido un incremento significativo de genomas disponibles y un estudio sistemático de estas secuencias, revelando que tanto el genoma humano como el de otros organismos se encuentra lleno de secuencias fósiles producto de la expansión pasada de MGEs (Lander *et al.*, 2001). Tan solo un reducido número de copias de algunos de los tipos y familias de estos elementos son aún competentes para movilización en la actualidad. Sin embargo, debido a su abundancia y a la presencia de gran variedad de señales reguladoras en sus secuencias, multitud de copias pertenecientes a familias actualmente inmóviles han sido seleccionadas para desarrollar otras funciones de interés para el organismo hospedador. En el presente documento se describen los diferentes MGEs hallados en eucariotas, haciendo especial hincapié en aquellos que se encuentran activos o que desempeñan un papel significativo en la biología de humanos y otros mamíferos.

El concepto de genoma es complejo y en continua revisión, aunque podría definirse como el total de la información genética de una

[1] *Mobile Genetic Elements* y *Transposable Elements* (elementos transponibles).

célula u organismo que es replicable y que, por tanto, se perpetúa a lo largo de los procesos de multiplicación celular y reproducción. En la mayoría de organismos eucariotas esta información genética se encuentra contenida en el DNA del núcleo celular, organizado en moléculas lineales conocidas como cromosomas. No obstante, orgánulos citoplasmáticos como mitocondrias y plastos contienen DNA con una pequeña cantidad de información genética. El genoma de la célula eucariota estaría compuesto tanto por el DNA almacenado en ambos: núcleo y orgánulos. Términos como DNA nuclear, cromosómico o genómico suelen utilizarse para referirse al primero, mientras que DNA citoplasmático o genoma mitocondrial o del cloroplasto suelen utilizarse para el segundo.

La acumulación de MGEs en el genoma de los organismos eucariotas implica que: nuevas copias de MGEs han sido generadas *de novo* en localizaciones del genoma donde previamente no existían; y que esas nuevas copias han sido transmitidas verticalmente a la progenie. La inserción de nuevas secuencias en un punto concreto del genoma se denomina mutagénesis por inserción[2] y, como tales, las mutaciones que se generan están sujetas a las fuerzas evolutivas como selección natural o deriva genética. La transmisión de dichas inserciones es esperable para todos los eventos de movilización en organismos unicelulares. En organismos pluricelulares solo serán heredables los eventos de movilización que ocurran en la línea germinal responsable de la formación de gametos para reproducción sexual, o en los linajes involucrados en la formación de esporas u otro tipo de estructuras para reproducción asexual. Las inserciones que ocurren en el genoma de células de linajes somáticos no son transmitidas verticalmente y desaparecen con la parte vegetativa del organismo. Sin embargo, estas inserciones contribuyen a la diversidad genética a lo largo de las células de un mismo individuo, lo que se conoce como mosaico genético somático[3], y su prevalencia dependerá de en qué momento del desarrollo aparecieron y qué fracción de las células del organismo derivan de la célula en que se originó la inserción.

---

2 *Insertional mutagenesis* (mutagenesis por inserción).

3 *Somatic (genome) mosaicism* (mosaicismo genético somático).

1.1. Del DNA repetido a los elementos genéticos móviles

La verdadera naturaleza y extensión de la fracción del genoma compuesta por secuencias repetidas y su vinculación con los MGEs tardó varias décadas en elucidarse y estuvo vinculada a la reciente revolución de las tecnologías de secuenciación masiva. Los MGEs fueron descubiertos en 1950 por Barbara McClintock en el genoma de la planta de maíz (McClintock, 1950) mediante sus estudios en los laboratorios de Cold Spring Harbor en Nueva York (Estados Unidos). Ella observó cambios en la coloración del grano de maíz que se debían a la inserción o escisión de un MGE del tipo conocido como transposones en el gen responsable de la coloración de la aleurona del grano. Ella llamó a este transposón Disociador o *Ds*. La inserción de *Ds* producía la inactivación del gen para la coloración de la aleurona y la escisión rehabilitaba su funcionalidad. *Ds* resultó ser un MGE no autónomo, que usaba para su movilización la maquinaria proporcionada por otro transposón nombrado Activador o *Ac*.

Los experimentos de renaturalización del DNA en los años 60 revelaron la existencia de una gran fracción de DNA repetido en los genomas de organismos superiores. El genoma de ratón presentaba un 10% de DNA altamente repetido y con bajo %GC conocido como DNA satélite. Sin embargo, casi la mitad genoma restante consistía en una fracción de secuencias repetidas del orden de varios miles de veces más que el resto (Waring y Britten, 1966). Resultados similares se obtuvieron en otros organismos eucariotas incluyendo protozoos, invertebrados y plantas, en algunos casos, observándose varias fracciones de DNA con distinto grado de repetición (Britten y Kohne, 1968). Sin embargo, estas fracciones de DNA repetido distinto del DNA satélite tardaron en vincularse con los MGE. Hasta que no fue posible la secuenciación de genomas completos, no pudo apreciarse verdaderamente el grado de similitud y abundancia de las diferentes familias y subfamilias de MGE que pueblan los genomas eucarióticos.

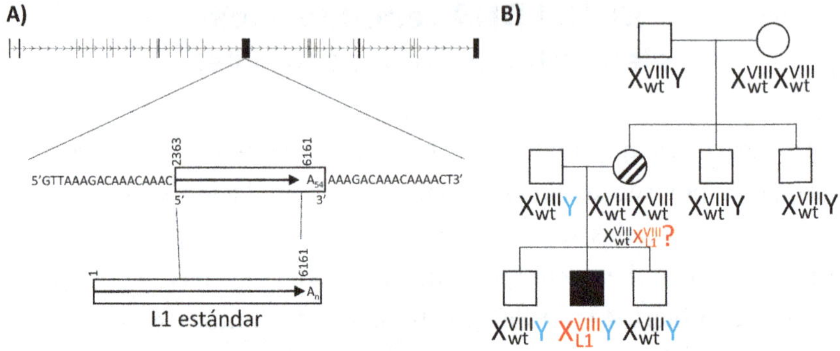

Figura 1. Primera detección de una inserción de L1 heredable y de novo en humanos. A) Esquema de la inserción de L1 detectada en el exón 14 del gen del factor VIII de un paciente de hemofilia por el Dr. Haig Kazazian (Kazazian *et al.* 1988). La inserción es un fragmento truncado de un elemento estándar que comprende aproximadamente 3.8 kb y tiene una cola de poliadenina de 54 nucleótidos y unas TSD de 13 nucleótidos. B) Diagrama representando el genotipo familiar de dicho paciente en relación al gen del factor VIII. Solo el paciente tiene la inserción de L1 en su único gen presente en el cromosoma X, mientras que se presupone que su madre debía ser un mosaico donde algunas células de, al menos, la línea germinal debían tener la mutación en uno de sus cromosomas X.

A finales de los 70 se descubrieron otros MGE activos en organismos modelo de investigación como levaduras, maíz o *Drosophila* (Farabaugh y Fink, 1980; Nevers y Saedler, 1977; Potter *et al.*, 1979; Young, 1979). A principios de los 80 se identificaron MGE repetidos en el genoma humano, describiéndose dos grupos en base a su longitud: elementos dispersos largos o LINE[4] (Adams *et al.*, 1980) y cortos o SINE[5] (Singer, 1982). Las estimaciones, muy a la baja, apuntaban varios miles de repeticiones de LINE (Adams *et al.*, 1980). Además, aunque en estos primeros estudios no se detectó la capacidad codificante de los LINE, sí se discutió la doble posibilidad de ser DNA de carácter parasítico o, por el contrario, regulador o estructural en el genoma (Adams *et al.*, 1980). Otros autores, entre los que se encontraba Maxine F. Singer, conocida por contribuir a elucidar el código genético, detectaron que los LINE tenían capacidad codificante y aventuraron que podrían haberse expandido mediante un proceso replicativo mediado

4 *Long INterspersed Elements* (elementos dispersos largos).

5 *Short INterspersed Elements* (elementos dispersos cortos).

por una transcriptasa reversa incluso previamente a la radiación evolutiva de los primates (Hattori *et al.*, 1986; Singer y Skowronski, 1985).

Sin embargo, la detección del primer evento de movilización de un LINE humano *in vivo* no ocurrió hasta 1988, cuando el pediatra Haig H. Kazazian Jr., en la universidad John Hopkins de Baltimore (Estados Unidos), descubrió un caso de hemofilia A ocasionado por la disrupción del gen del factor VIII debida a una inserción de un elemento LINE en el exón 14 de dicho gen (Kazazian *et al.*, 1988) (Figura 1A). La ausencia de dicha inserción en DNA obtenido de la sangre de la madre del paciente evidenció que la inserción había ocurrido *de novo* muy temprano en el paciente o en la línea germinal materna (Figura 1B). Posteriormente, su laboratorio diseñó un ensayo para detectar la movilización de LINE en cultivos celulares *in vitro* (Moran *et al.*, 1996) usando un *cassette* reportero que confería resistencia a un antibiótico a aquellas células en las que hubiese ocurrido un evento de retrotransposición (Figura 2). Retrotransposones como los LINE utilizan un RNA intermediario que sirve de molde para generar nuevas inserciones por transcripción reversa. En este tipo de elementos, el *cassette* consiste en un gen reportero o un marcador de selección con su propio promotor y señal de poliadenilación en orientación inversa al intermediario de RNA, pero interrumpido por un intrón en el mismo sentido que este (Freeman *et al.*, 1994). Este *cassette* es fusionado dentro de la secuencia del LINE, en su extremo 3', pero antes de la señal de poliadenilación. De esta manera, el gen marcador no puede expresarse desde el *locus* original, pues, a pesar de tener un promotor funcional, es incapaz de eliminar el intrón al no encontrarse este en la orientación adecuada. El intrón únicamente puede ser eliminado desde el intermediario de RNA del LINE, de modo que solo después de aparecer una nueva inserción se obtendrá un marcador funcional (Figura 2A). Este *cassette* y otras modificaciones del mismo han supuesto la base para testar la competencia de diferentes copias de LINE-1 en innumerables estudios y determinar cuántas y qué copias de LINE-1 en el genoma humano son aún capaces de movilizarse (Beck *et al.*, 2011; Brouha *et al.*, 2003) (Figura 2B).

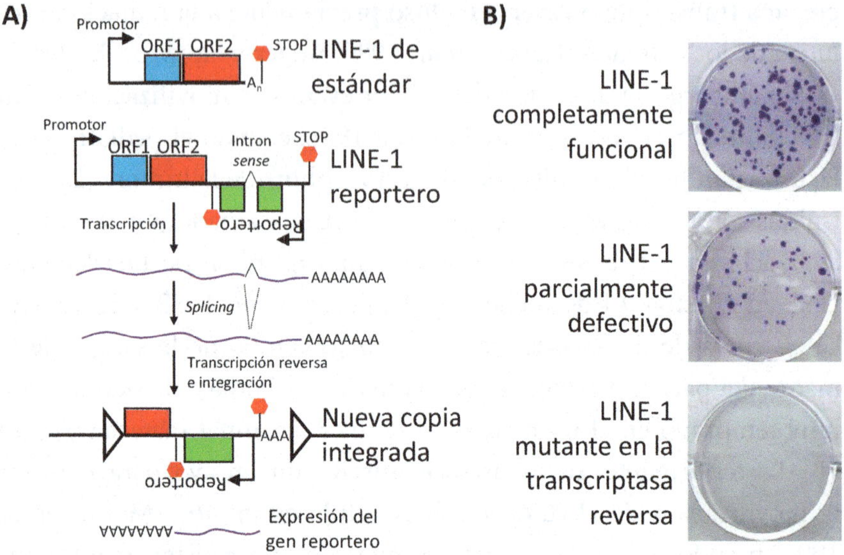

Figura 2. Ensayo de retrotransposición con L1s alterados por ingeniería genética. A) Esquema del sistema reportero de retrotransposición. Un elemento L1 es modificado por la adición de un *cassette* reportero entre su ORF2 y su señal de poliadeniación. Dicho *cassette* consiste en un gen reportero en sentido inverso a la hebra *sense* de L1 pero interrumpido por un intrón en orientación *sense*. Solo la eliminación del intrón del RNA intermediario y utilizado en un evento de movilización puede producir un *cassette* reportero activo. B) Resultado de un ensayo de retrotransposición en cultivo celular *in vitro*. Cada colonia de células HeLa representa, al menos, un evento de transposición.

1.2. Aproximaciones metodológicas para detectar nuevas inserciones de elementos móviles

La secuenciación completa del genoma humano ha sido posiblemente uno de los mayores desafíos interdisciplinares de la ciencia actual y no solo significó un avance revolucionario para la medicina y la biología, sino que también implicó una revolución tecnológica que aún continúa. El Proyecto Genoma Humano involucró más de veinte universidades e instituciones públicas de investigación de varios países y duró aproximadamente trece años, completándose en 2003. Las tecnologías de secuenciación masiva y el análisis computacional a gran escala se desarrollaron en paralelo para completar dicho proyecto, y en la actualidad son un indiscutible pilar que soporta la investigación en el ámbito de la biología, la medicina, el análisis clínico, etc.

No obstante, existe una gran diversidad en cuanto a copias de MGE no fijadas en la población humana que no están registradas en el genoma de referencia debido al reducido número de individuos utilizados para la elaboración del borrador inicial. Además, el carácter repetido de las secuencias de MGEs supone una inherente complejidad en cuanto a su correcta localización y ensamblaje en el genoma. Todos estos factores se agravan más aún en el estudio de inserciones somáticas debido a que están presentes en un único individuo y están menos representadas en su población de células. Esta prevalencia dependerá de en qué momento del desarrollo ocurrió la inserción y cuántas células del individuo la han heredado. No obstante, en escenarios específicos como en células tumorales, algunas inserciones pueden incrementar su prevalencia debido a la multiplicación de células portadoras o a reorganizaciones genómicas dentro de las mismas (Scott y Devine, 2017). En cualquier caso, existen multitud de aproximaciones metodológicas para identificar inserciones somáticas producto de elementos endógenos, pero suelen constar de tres componentes principales:

Secuenciación Dirigida

En este grupo de técnicas se intentan generar librerías de secuenciación enriquecidas en fragmentos que contienen la unión entre los extremos de MGEs y la secuencia genómica adyacente (Figura 3A). De esta manera, se puede identificar la existencia y *locus* de una nueva copia no presente en el genoma de referencia o en el tejido de control del individuo. Este enriquecimiento se consigue mediante estrategias basadas en la complementariedad de sondas o cebadores en regiones de secuencia única de las familias de elementos activos próximas a sus extremos para bien hacer una captura de fragmentos en una librería (e.g. RC-seq [Shukla *et al.*, 2013]) o bien generar los fragmentos de la librería mediante una aproximación basada en PCR[6] (e.g. L1-seq [Ewing *et al.*, 2010]; ME-scan [Witherspoon *et al.*, 2010]; o SIMPLE [Streva *et al.*, 2015]). No obstante, con el abaratamiento progresivo de la secuenciación cada vez más se utiliza secuenciación del genoma completo en gran profundidad y posterior filtrado de nuevas inserciones mediante herramientas bioinformáticas (Evrony *et al.*, 2015; Sanchez-Luque *et al.*, 2019). La ventaja de esta aproximación es que permite el análisis de otro tipo de variantes somáticas para entender como estas, junto con la actividad de los elementos móviles, influencian el genoma de la célula en la que ha ocurrido la inserción.

Detección Bioinformática de Inserciones

En general, este tipo de aproximaciones se basan en la detección de lecturas de secuenciación discordantes: parte de la lectura mapea en una región del genoma y otra parte mapea en otra región distinta (Figura 3B). Estas lecturas serán filtradas en función de si una de las fracciones corresponde al extremo de un elemento móvil, y también en base a si la inserción putativa aparece en todas las muestras de

---

6 *Polymerase Chain Reaction* (reacción en cadena de la polimerasa).

un único individuo (probablemente una inserción polimórfica no descrita) o solo en algunas (probablemente una inserción somática). Algunos de los algoritmos son específicos para una técnica de secuenciación dirigida concreta (e.g. algoritmo de RC-seq [Shukla *et al.*, 2013]) mientras otros son configurables para varias de ellas (e.g. MELT [Gardner *et al.*, 2017]; TE-break [Upton *et al.*, 2015]).

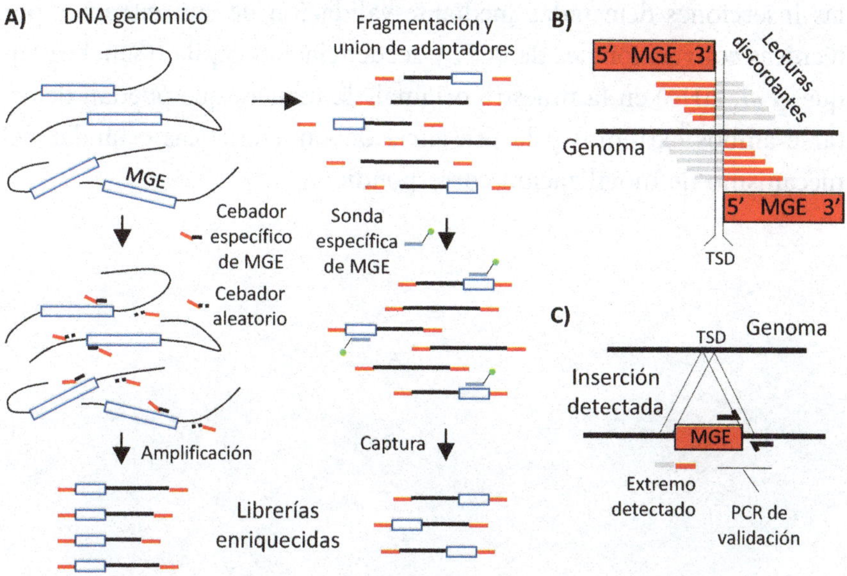

Figura 3. Técnicas de secuenciación masiva para detección de inserciones de MGEs. A) Esquema para la generación de librería enriquecidas en extremos de MGEs por métodos basados en PCR (izquierda) o captura de secuencias (derecha). Las secuencias adaptadoras para la química de secuenciación se muestran en rojo y el genoma en negro. B) Esquema representativo de la detección de inserciones desconocidas por secenciación masiva. Los alineamientos de lecturas que cubren el extremo 3' de la inserción se muestran por encima de la línea del genoma y las que cubren el extremo 5' por debajo. En gris se muestra la región de las lecturas que alinea con el genoma y en rojo las que alinean con los extremos de la secuencia del MGE. C) Ejemplo de PCR de validación de una inserción detectada solo en un extremo (lectura indicada como en B) en el que se han diseñado cebadores (flechas) para amplificar el extremo no detectado por PCR.

Validación Experimental de Inserciones

La generación de librerías de secuenciación requiere de reacciones de ligación y amplificación de DNA, y la secuenciación dirigida introduce cuellos de botella en el proceso que facilitan la generación de moléculas quiméricas. Para evitar confundir estas quimeras con nuevas inserciones reales es importante confirmar la autenticidad de las inserciones detectadas mediante validación de sus extremos por técnicas convencionales de PCR y secuenciación capilar (Sanchez-Luque *et al.*, 2016) en la muestra original, de manera que puedan detectarse ambos extremos y la presencia de características estándar del mecanismo de movilización correspondiente.

2.

Tipos de elementos genéticos móviles

Los MGE son un grupo polifilético de secuencias que se han propagado en los genomas de todos los organismos vivos. Salvo eventos aislados de transferencia horizontal (Gilbert y Feschotte, 2018), la evolución de cada elemento ha estado confinada dentro del genoma del organismo hospedador y ha ocurrido en paralelo a la evolución de este. La pérdida o adquisición de diferentes secuencias reguladoras (Castro-Diaz *et al.*, 2014; Jacobs *et al.*, 2014; Khan *et al.*, 2006; Sookdeo *et al.*, 2013) o diferente maquinaria de movilización por distintos MGE en distintos organismos hospedadores (Malik, 2005; Malik *et al.*, 1999) y la recombinación entre elementos de diferentes familias (Sookdeo *et al.*, 2013) hace que cada módulo de la secuencia de estos elementos pueda tener diferentes relaciones evolutivas y dificulta el estudio taxonómicamente estricto de los mismos. A pesar de esto, hay una serie de criterios estructurales y funcionales que permiten una cierta clasificación de los elementos genéticos móviles y facilitan su definición, como pueden ser la capacidad replicativa, el grado de autonomía para movilización y el tipo de intermediarios utilizados en el proceso.

Una primera forma de clasificar a los elementos genéticos móviles es en base a si el mecanismo de movilización es o no replicativo. Aquellos elementos con mecanismo de movilización replicativo utilizan una aproximación de «copia-y-pega»: una nueva copia es generada en un *locus* del genoma distinto al de la copia originaria, que permanece en el *locus* inicial. La copia original se denomina donador y el *locus* de la nueva copia se denomina *locus* receptor o diana. Por el contrario, la movilización de elementos no replicativos es de tipo «corta-y-pega» y ocurre por la escisión de una copia de su *locus* original y su inserción en un nuevo *locus*. Análogamente, estos se denominan *locus* donador y receptor respectivamente.

El carácter replicativo de la movilización de tipo «copia-y-pega» favorece el incremento del número de copias y contribuye a la generación de DNA repetido. La acumulación de copias de elementos de movilización no replicativa requiere de escenarios particulares como la replicación del DNA celular o eventos de reparación de daños al DNA, entre otros. En consecuencia, el número de copias de estos suele ser generalmente mucho más bajo. Por ejemplo, la movilización de un elemento durante la fase S del ciclo celular desde un *locus* donante ya replicado a un *locus* receptor sin replicar, terminará con un incremento neto del número de copias (Figura 4A). Los elementos *Ac/Ds* parecen utilizar las marcas post replicativas de metilación del DNA para favorecer esta direccionalidad en la transposición (Ros y Kunze, 2001; Weil y Kunze, 2002). Alternativamente, los elementos P de Drosophila parecen incrementar su número de copias sirviéndose del mecanismo de recombinación homóloga para reparación de roturas de doble cadena del DNA (Figura 4B). Tras la escisión de un elemento del *locus* donador, el uso de la cromátida hermana portadora de otra copia del elemento para la reparación de la rotura del DNA puede regenerarla una vez que se ha transpuesto (Engels *et al.*, 1990).

Los MGEs también se pueden dividir en elementos autónomos o no autónomos, en base a si codifican o no su propia maquinaria de transposición. Los MGEs autónomos contienen uno o varios marcos abiertos de lectura u ORFs[7] en su secuencia y poseen la capacidad de generar RNA mensajeros maduros, lo que les posibilita sintetizar su propia maquinaria de movilización. Los MGEs no autónomos no presentan capacidad codificante y están normalmente especializados para utilizar la maquinaria de movilización de un elemento autóno-

7 *Open Reading Frame* (marco abierto de lectura).

mo. Un ejemplo de un par de elementos autónomo y no autónomo es el de los elementos *Ac/Ds* descritos por Barbara McClintock, que son transposones de DNA que se movilizan por un mecanismo de «corta-y-pega» de los cuales solo *Ac* tiene capacidad codificante. La enzima sintetizada por *Ac* es una transposasa que cataliza la escisión e inserción de las copias de estos elementos y su especificidad radica en el reconocimiento de motivos de secuencia presentes en los extremos de las mismas. *Ds* presenta los mismos motivos en su secuencia y, por tanto, es movilizado por la maquinaria codificada por *Ac* (Fedoroff *et al.*, 1983).

Finalmente, la clasificación convencional de los elementos genéticos móviles se produce en base al tipo de intermediario de movilización, distinguiéndose dos grandes grupos: retrotransposones y transposones de DNA (Muñoz-Lopez *et al.*, 2016).

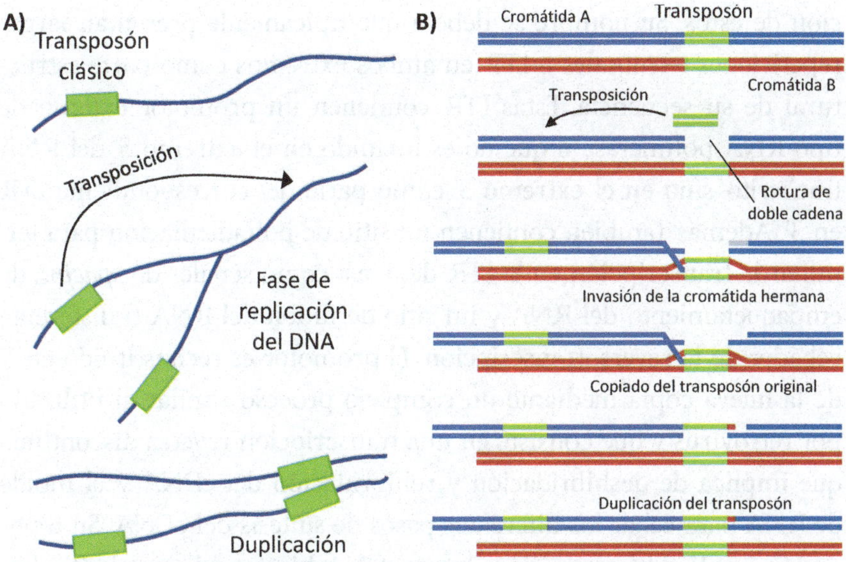

Figura 4. Mecanismos de multiplicación de MGE movilizados por «corta-y-pega». A) Duplicación típica de elementos *Ac/Ds* con tropismo por regiones de ADN no replicadas. B) Mecanismo de reconstitución de la copia original mediante reparación de roturas de doble cadena por recombinación homóloga, típicamente usado por los elementos P de *Drosophila*.

2.1. Retrotransposones

Los retrotransposones utilizan un intermediario de RNA como molde para generar una nueva copia del elemento por transcripción reversa. La mayoría de los retrotransposones utilizan un promotor propio para generar esta molécula de RNA, el cual debe ser también regenerado en la nueva copia desde la secuencia contenida en el intermediario. La filogenia y estructura del promotor es un criterio troncal para la clasificación de estos elementos en retrotransposones LTR[8] y no-LTR.

Retrotransposones LTR o Retrovirus Endógenos (ERV[9]):

Estos MGEs están evolutivamente relacionados con retrovirus y presentan un mecanismo de movilización muy similar a la replicación de estos. Su nombre se debe a que típicamente presentan largas repeticiones terminales o LTR en ambos extremos como parte estructural de su secuencia. Estas LTR contienen un promotor externo de tipo RNA polimerasa II que no es incluido en el extremo 5' del RNA transcrito, sino en el extremo 3' como parte del correspondiente LTR en 3'. Además, también contienen un sitio de poliadenilación para terminar la transcripción en la LTR de 3', así como señales de *splicing*, de empaquetamiento del RNA y un sitio de unión del RNA transferente cebador de la reversotranscripción. El promotor es reconstituido en 5' de la nueva copia mediante un complejo proceso similar al utilizado por retrovirus y que consiste en una transcripción reversa discontinua que implica de deshibridación y rehibridación del cDNA y el molde de RNA para cebar los diferentes pasos de síntesis del cDNA. Su replicación implica la generación de un cDNA bicatenario en el citoplasma de la célula, que debe ser transportado al interior del núcleo para su integración en el genoma mediante una integrasa que cataliza el corte del DNA genómico y la ligación del inserto (Figura 5).

---

8 *Long Terminal Repeats* (repeticiones largas terminales).

9 *Endogenous RetroVirus* (retrovirus endógenos).

En un escenario evolutivo, la infección e integración de DNA proviral de retrovirus en el genoma de células de la línea germinal habrían permitido su endogenización y la transmisión vertical de los mismos. Esto viene apoyado por la presencia de diferentes ERVs evolutivamente relacionados en especias filogenéticamente no relacionadas (Martin *et al.*, 1997). La posterior pérdida o desactivación del ORF codificante de las proteínas de la envuelta (*env*) habrían marcado su consolidación como elementos genéticos móviles, al quedar incapacitados para replicación extracelular. De esta manera, ERVs funcionales contienen, al menos, ORFs codificantes de *gag* y *pol* de manera que son capaces de producir proteínas de la cápsida, la proteasa viral, la integrasa y la proteína de fusión reversotranscriptasa-ribonucleasa H (revisado en Mager y Stoye, 2015), mientras que solo los conocidos como ERVs completos contienen además un ORF *env* (Weiss, 2006). La presencia de señales de reconocimiento para la proteína de la cápsida en la secuencia del LTR contenida en el RNA viral y el procesamiento tardío de la poliproteína *gag-pol* permite el encapsulamiento conjunto de la maquinaria de transcripción reversa y el RNA viral, en lo que podría denominarse como preferencia de unión en *cis*. Excepcionalmente, algunos ERVs como los ERV-K de primates (o HERV-K) también codifican proteínas virales accesorias que propias de lentivirus (Katzourakis y Gifford, 2010), indicando que provienen probablemente de la endogenización de estos. De hecho, en mamíferos, se pueden diferenciar tres clases de ERV en función de los retrovirus exógenos más relacionados con ellos (Stocking y Kozak, 2008).

Existen además dos tipos de elementos genéticos asociados a los ERVs: retrotransposones LTR no autónomos y los solo-LTR. Los primeros presentan generalmente LTR completos flanqueando una secuencia corta y no codificante, y se habrían originado por la generación de secuencias quiméricas conteniendo dos LTR en tándem o por pérdida de la secuencia codificante de retrovirus endógenos convencionales (Mager y Freeman, 2000). Al presentar LTR funcionales y señales de empaquetamiento homólogas a retrovirus endógenos activos, son capaces de replicarse utilizando la maquinaria de estos en *trans*. Los solo-LTR, en cambio, aparecen probablemente por recombinación homóloga ilegítima entre los dos LTR de una misma copia de retrovirus endógeno, ocasionando la pérdida de la secuencia codificante y la deposición residual de un solo LTR en el sitio de inserción (Hughes y Coffin, 2004). Puesto que hacen falta dos LTR en tándem para generar un RNA intermediario transponible, los solo-LTR son inmóviles. Sin embargo, su actividad promotora es responsable de una gran cantidad de trascripción a lo largo del genoma y muchos de ellos han sido reconvertidos por selección natural para la generación de nuevos genes funcionales (revisado en Thompson *et al.*, 2016).

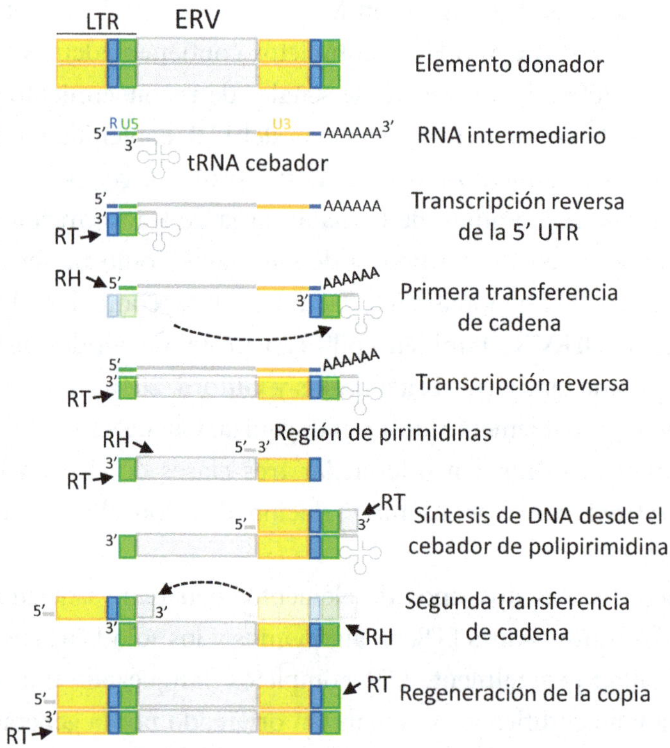

Figura 5. Mecanismos de movilización replicativa de ERV o retrotransposones de tipo LTR. La región única en 3' (U3), repetida (R) y única en 5' (U5) de cada LTR están representadas en amarillo, azul y verde. Las zonas de actuación de la transcriptasa reversa y la ribonucleasa H del ERV se indican mediante flechas acompañandas de RT o RH respectivamente.

Aproximadamente un 8% del genoma humano está compuesto de ERVs (Lander *et al.*, 2001), aunque no se conoce ninguno que se encuentre activo (Stoye, 2001). No obstante, la familia HERV-K protagonizó una pequeña radiación evolutiva bastante reciente (Belshaw *et al.*, 2005; Hughes y Coffin, 2004; Mamedov *et al.*, 2004), posterior a la separación entre humanos y chimpancés, presentando no más de una decena de elementos polimórficos en humanos (Belshaw *et al.*, 2005). En cambio, existen ERV activos en otros organismos modelo, donde ostentan mayor contribución genómica, como los elementos Gypsy presentes tanto en vertebrados (Miller *et al.*, 1999) como en invertebrados (habiendo sido descritos activos en el cerebro de *Drosophila* (Li *et al.*, 2013)), o los distintos elementos Ty/Copia presentes en levaduras (Krastanova *et al.*, 2005). Dada su mayor proximidad evolutiva, resulta interesante el genoma de ratón, ya que un 10% del mismo está constituido por ERVs. Estos se conocen por la formación de partículas *pseudo*virales como las partículas de tipo A en las cisternas endoplasmáticas (elementos IAP[10] (Dewannieux *et al.*, 2004)), las partículas de tipo D intracitoplasmáticas (elementos *Mus musculus* D o MusD [Ribet *et al.*, 2004, 2007]) o las partículas épsilon (ERV-L murinos o MuERV-L [Ribet *et al.*, 2008]), entre otras. Igualmente, se han identificado elementos no autónomos como los MaLRs[11] o los ETn[12], movilizados por las maquinarias de los elementos MuERV-L y MusD respectivamente. Se ha confirmado la existencia de copias competentes para retrotranposición pertenecientes a los elementos IAP (Maksakova *et al.*, 2006), M-MuLV[13] (Stoye y Coffin, 1987), MusD (Ribet *et al.*, 2007) y los no autónomos ETn (Sonigo *et al.*, 1987).

---

10 *Intracisternal type-A Particles* (partículas tipo A localizadas en las cisternas del retículo endoplasmático).

11 *Mammalian apparent LTR retrotransposon* (retrotransposones de mamíferos presuntamente de tipo LTR).

12 *Early Transposons* (transposones tempranos).

13 *Moloney murine leukemima virus* (virus de la leucemia murina de Moloney).

Retrotransposones no-LTR

Los retrotransposones de tipo no-LTR presentan un origen evolutivo más incierto, sin una homología viral clara. Todos estos elementos comparten el mismo mecanismo de retrotransposición, conocido como TPRT[14], donde la síntesis del cDNA por retrotranscripción ocurre directamente en el sitio de inserción de la nueva copia. Estos elementos generan un RNA intermediario que comprende la totalidad de la secuencia original y, por tanto, no requieren del complejo sistema de transcripción reversa discontinua de los ERVs para regenerar sus extremos. En estos elementos, un primer corte endonucleolítico en una hebra del DNA genómico y la deshibridación del segmento flanqueante al corte generan un extremo 3' hidroxilo de cadena sencilla que hibrida en la región 3' del RNA intermediario y sirve de cebador para la síntesis de la primera cadena de cDNA (Figura 6) (Cost *et al.*, 2002; Luan *et al.*, 1993). El grado de conocimiento acerca del resto del proceso para la generación de la segunda hebra del cDNA es variable pero incompleto para la mayoría de retrotransposones no-LTR. Está generalmente aceptado que un segundo corte en la hebra complementaria del DNA genómico servirá de cebador para la generación de la segunda hebra de cDNA usando como molde la primera, y la maquinaria celular de reparación del DNA catalizará la ligación de sendas hebras de cDNA con el DNA genómico flanqueante (Figura 6).

Dada su baja homología o relación con virus, los retrotransposones no-LTR han sufrido poca o nula transferencia horizontal, y se han dispersado a lo largo de las diferentes especies por transmisión vertical (Eickbush y Malik, 2002; Malik *et al.*, 1999). Esto posibilita la detección de diferentes linajes que agrupan los diferentes elementos móviles presentes en la actualidad. La maquinaria de retrotransposición de los elementos no-LTR autónomos se agrupa en torno a un ORF básico con actividad transcriptasa reversa. A lo largo de la evo-

---

[14] *Target-Primed Reverse Transcription* (transcripción reversa cebada por el sitio de inserción).

lución, los diferentes linajes habrían adquirido otras actividades enzimáticas como endonucleasa, ribonucleasa H (RNasa H) o chaperona de ácidos nucleicos (Malik, 2005; Malik *et al.*, 1999), que habrían proporcionado cada vez más independencia de factores celulares para completar el ciclo de retrotransposición.

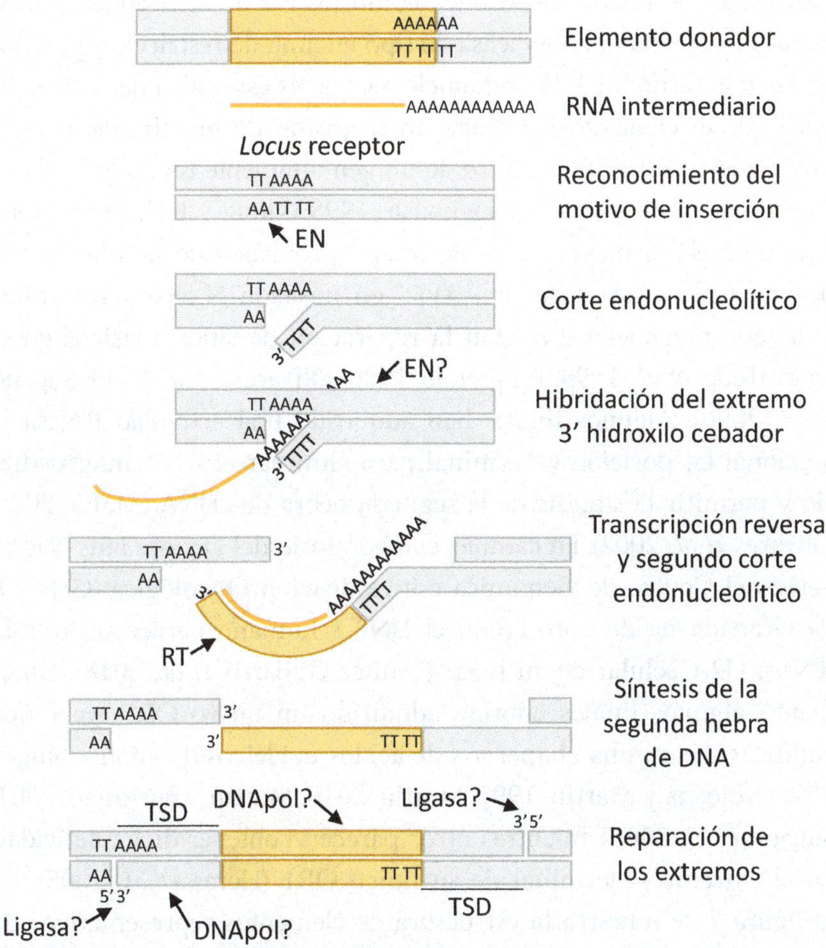

Figura 6. Mecanismos de movilización replicativa de retrotransposones de tipo no-LTR. La actividad de la endonucleasa y la transcriptasa reversa codificadas por el elemento LINE correspondiente se indican con flechas acompañadas de EN y RT. 'DNApol' indica una polimerasa desconocida que puede ser tanto de la maquinaria celular como codificada por LINEs. Otros factores cuya participación no está totalmente confirmada se indican acompañados de una interrogación (?).

Se especula que en un principio estos elementos se habrían servido de extremos 3' hidroxilo del DNA genómico generados por roturas del DNA o durante los procesos de replicación del mismo como cebador para sintetizar sus nuevas copias (Flasch *et al.*, 2019). La ganancia de actividad endonucleasa les habría liberado de esa necesidad y facilitado el proceso de inserción. Curiosamente, linajes ancestrales de retrotransposones, como los R2 de artrópodos, tienen como rareza una endonucleasa de tipo enzima de restricción posicionada en C-terminal. Esta endonucleasa, que es específica de secuencia, hace que el elemento R2 tenga un tropismo de movilización hacia una posición específica dentro de un gen altamente repetido: el RNA ribosomal 28S (Eickbush y Eickbush, 1995; Xiong y Eickbush, 1990). Sin embargo, la mayor parte de linajes provienen de la adquisición de una endonucleasa de tipo APE[15] en posición N-terminal, similar a las que reconocen e inician la reparación de sitios abásicos en el DNA (Feng *et al.*, 1998; Feng *et al.*, 1996; Olivares *et al.*, 1999; Sugano *et al.*, 2006). Algunos linajes han adquirido una actividad RNasa H adicional en posición C-terminal para eliminar el RNA intermediario y permitir la síntesis de la segunda hebra de cDNA (Malik, 2005; Olivares *et al.*, 2002). En cambio, el laboratorio del Dr. José Luis García Pérez del Centro de Genómica e Investigación Oncológica (GENYO) de Granada ha descrito cómo el LINE-1 humano parece utilizar la RNasa H2A celular en su lugar (Benitez-Guijarro *et al.*, 2018). Finalmente, algunos linajes habrían adquirido un nuevo ORF en 5' que codificaría para una chaperona de ácidos nucleicos (Hohjoh y Singer, 1996; Kolosha y Martin, 1997; Martin, 2010; Martin y Bushman, 2001; Sugano *et al.*, 2006), mientras otros parecen contener dicha actividad en el extremo C-terminal de su único ORF (Heras *et al.*, 2005). En la figura 7 se muestra la estructura de elementos representativos de cada uno de estos linajes.

[15] *A-purinic/pirimidinic Endonuclease* (endonucleasa de sitios abásicos - no purinas y no pirimidinas).

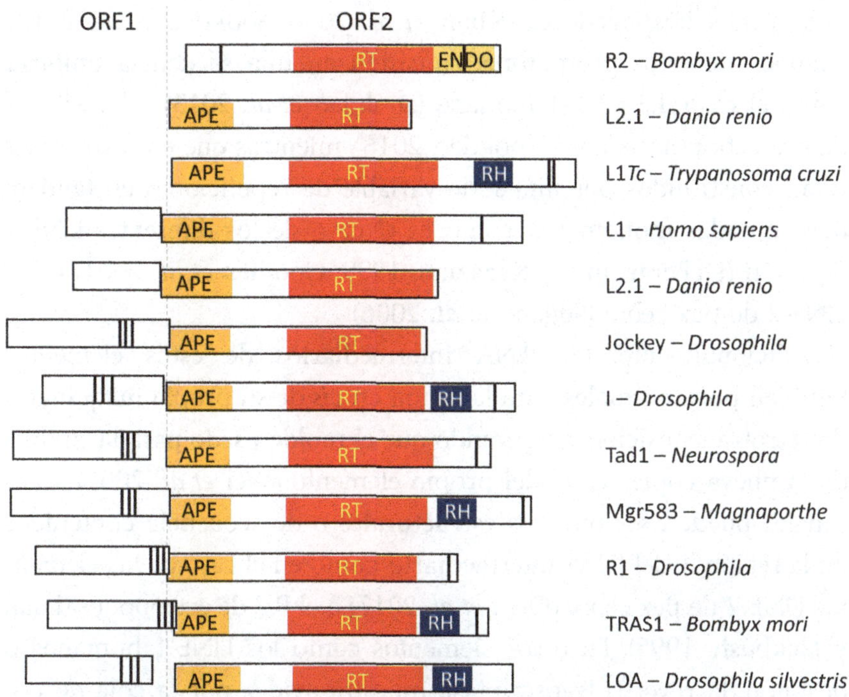

Figura 7. Actividades enzimáticas codificadas por diversos retrotransposones no-LTR. Estructura codificante de elementos humanos, de la mosca de la fruta (*Drosophila*), del pez cebra (*Danio renio*), del gusano de seda (*Bombyx mori*), hongos (*Neurospora* y *Magnaporthe*) y protozoos (*Trypanosoma cruzi*). La figura se centra en la región codificante de la actividad transcriptasa reversa (RT) y muestra diferentes elementos que han ganado endonucleasas de sitios abásicos (APE) o de tipo enzima de restricción (ENDO), ribonucleasa H (RH) o motivos de unión a ácidos nucleicos (trazos verticales) bien en el mismo ORF (indicado como ORF2 por la nomenclatura de L1 humano) o en un nuevo ORF (denominado ORF1 por encontrarse en 5' del anterior). Figura adaptada de Malik et al., 1999.

En general, los retrotransposones no-LTR autónomos presentan un promotor interno en su región 5' no codificante (DeBerardinis y Kazazian, 1999; Goodier *et al.*, 2001; Mizrokhi *et al.*, 1988; Swergold, 1990). La región promotora de los elementos autónomos suele estar bastante regulada, pues constituye un punto clave para controlar la retrotransposición tanto del propio elemento como de los elementos no autónomos asociados. Por eso es una de las regiones de los elementos que más ha variado a lo largo de la evolución como consecuencia de la evasión de los mecanismos de represión de los organismos hospedadores (Khan *et al.*, 2006; Sookdeo *et al.*, 2013). Algunos de estos promotores consisten en una secuencia unitaria, como el caso del LINE-1 humano (Sookdeo *et al.*, 2013) o los LINE-1 de pez cebra (Boissinot y Sookdeo, 2016), mientras que en otros casos están constituidos por una serie variable de repeticiones en tándem denominadas monómeros, como es el caso de los diferentes LINE-1 de ratón (DeBerardinis y Kazazian, 1999; Goodier *et al.*, 2001) o los LINE-2 de pez cebra (Sugano *et al.*, 2006).

Adicionalmente, los RNA intermediarios de estos elementos también portan señales para la unión en *cis* de su propia maquinaria de retrotransposición, asegurando que el molde usado para la síntesis de la nueva copia sea el del propio elemento (Wei *et al.*, 2001). Estas señales pueden ser motivos estructurales o de secuencia contenidos en la región 3' del RNA intermediario, como en el caso de los elementos LINE-2 de pez cebra (Otsu *et al.*, 2017) o el R2 de artrópodos (Luan y Eickbush, 1995). En otros elementos como los LINE-1 humanos o de ratón, la reverso transcriptasa muestra avidez por la cola de poliadenina y es capaz de unírsele aún cuando la traducción no ha concluido (Ahl *et al.*, 2015). De esta manera, la proximidad entre el RNA intermediario y la reverso transcriptasa al estar sujetas aún al mismo ribosoma garantiza la unión en *cis*.

Al igual que ocurre con los ERVs, existen elementos no autónomos generados por deleción de la secuencia codificante, al tiempo que se mantienen las regiones 5' y 3' necesarias para generar el RNA intermediario y unir la maquinaria de transcripción reversa, como ocurre con los elementos NARTc y RIME en tripanosomátidos (Bringaud *et al.*, 2002). Sin embargo, en el caso de los sistemas basados en el reconocimiento de la cola de poliadenina, se ha posibilitado la aparición de elementos no autónomos producto de quimerización entre una secuencia con actividad promotora interna y un homopolímero de adeninas. Así, diferentes promotores internos de tipo polimerasa III han generado elementos SINE como los *Alu* humanos y B1 de ratón, derivados del RNA de la partícula de reconocimiento de la señal (RNA 7SL) (Doucet *et al.*, 2015; Quentin, 1994), los B2 de ratón, derivados del RNA ribosomal 4.5S (Doucet *et al.*, 2015), o la reciente expansión de SINEs derivados de diversos tRNAs o del RNA ribosomal 5S en murciélagos frugívoros (Gogolevsky *et al.*, 2009).

La presencia de promotores internos en la región 5' ha provisto de autonomía para la generación de su RNA intermediario tanto a retrotransposones LTR como no-LTR. Sin embargo, algunos retrotransposones han desarrollado estrategias alternativas a este sistema mediante la utilización de fuentes de transcripción externa no incluidas en su secuencia. Varios grupos, entre ellos el del Dr. Manuel Carlos López del Instituto de Parasitología y Biomedicina 'López-Neyra' de Granada, encontraron una ribozima o RNA catalítico similar a la del virus de la hepatitis D en el extremo 5' de elementos tipo LINE (Eickbush y Eickbush, 2010; Sánchez-Luque *et al.*, 2011). El elemento R2 de artrópodos se integra en los genes de RNA ribosomal 28S gracias a su endonucleasa de secuencia específica, con lo que es transcrito dentro de estos. La ribozima en 5' cataliza la escisión del RNA intermediario del transcrito ribosomal de tal manera que el dominio catalítico queda contenido en el primero y reconstituido tras la transcripción reversa. Por su parte, los elementos L1Tc/*Ingi* de tripanosomátidos aprovechan la transcripción policistrónica del genoma de estos organismos. Una estrategia similar ha sido descubierta por el Dr. Marcos de la Peña, del Instituto de Biología Molecular y Celular de Plantas de Valencia en ERVs no autónomos en plantas. Aquí una ribozima de tipo *hammerhead* permitiría la escisión de RNA unitarios de estos elementos y la regeneración del LTR por la capacidad de circularización de los mismos, catalizada por la misma ribozima (de la Peña y Cervera, 2017).

Finalmente, una última alternativa para resolver la utilización de un promotor 5' externo se encuentra en los elementos genéticos móviles teloméricos de *Drosophila*. El par TAHRE y HeT-A son retrotransposones no-LTR autónomo y no autónomo, respectivamente. TAHRE presenta una distribución típica de dos ORFs, mientras que HeT-A parece haber evolucionado por pérdida del ORF2 codificante de la transcriptasa reversa. Lo más interesante es que estos elementos se insertan exclusivamente en los telómeros de los cromosomas de *Drosophila*, que precisamente carece de telomerasa, utilizando el extremo 3' hidroxilo del cromosoma como cebador. Esta polaridad ha generado tándems de elementos siempre con su extremo 5' orientado hacia el telómero. HeT-A y TAHRE no contienen actividad promotora en su extremo 5', pero sí en su extremo 3', de manera que cada elemento es transcrito desde la región 3' del elemento contiguo. La presencia de ORF1 en HeT-A sugiere que quizá esta proteína esté involucrada en el reclutamiento de estos elementos hacia los telómeros, permitiendo a estos elementos utilizar este curioso sistema de transcripción en ausencia de promotor 5' (Zhang y Rong, 2012). Además, un tercer elemento, TART, parece haber evolucionado para añadir secuencias de su extremo 3' en el extremo 5' de la nueva copia mediante la reutilización de la región 3' del RNA intermediario como molde una vez terminada la transcripción reversa, copiando el promotor 3' en la región 5' en lo que, se sugiere, podría haber sido una primitiva evolución hacia un LTR (George *et al.*, 2010).

2.2. Transposones de DNA

Los transposones de DNA se caracterizan por utilizar una molécula de DNA como intermediario de transposición y se pueden encontrar elementos con ambos tipos de movilización: «corta-y-pega» y «copia-y-pega». Como norma general, los elementos autónomos codifican su propia maquinaria de transposición y son transcritos a RNA mensajeros que sirven para sintetizar dicha maquinaria. La maquinaria debe retornar al núcleo celular y reconocer secuencias específicas del DNA del elemento para mediar la transposición. Así, aunque la maquinaria de transposición tenga más o menos especificidad por la secuencia del propio elemento, no existe una preferencia en *cis* por la copia específica de la que proviene el RNA mensajero debido al desacoplamiento espacial entre transcripción y traducción. Los elementos no autónomos no requieren de transcripción: solo necesitan mimetizar las secuencias de reconocimiento para la maquinaria de transposición.

En función del mecanismo de movilización, pueden definirse tres grandes grupos de transposones de DNA: los transposones clásicos, los helitrones y los polintones[16].

Transposones de «corta-y-pega» Clásicos

A este grupo pertenecen los elementos que tienen una movilización no replicativa consistente en escindirse de su región inicial e insertarse en otra localización distinta del genoma. Estos transposones son el grupo más extendido en eucariotas superiores (Feschotte y Pritham, 2007) y a él pertenecen elementos como el par *Ac/Ds* descrito por la Dr. Barbara McClintok o los elementos P de *Drosophila* mencionados anteriormente. Actualmente se considera que no existen transposones activos en los genomas de mamíferos, aunque podría haber copias activas en algunas especies de murciélago (Ray *et al.*,

[16] En inglés, *helitrons* y *polintons.*

2008). En humanos no se ha encontrado ninguno que presente una secuencia funcional para la transposasa (Lander *et al.*, 2001; Pace *et al.*, 2007), aunque sí se han encontrado transposasas funcionales «domesticadas» para otros procesos celulares (Kapitonov y Jurka, 2005; Majumdar *et al.*, 2013).

La maquinaria de movilización de los elementos autónomos de este grupo se centra en torno a un ORF codificante de la enzima transposasa, aunque algunos elementos han adquirido proteínas adicionales a lo largo de la evolución (Tabla 1). Además, la secuencia de estos elementos presenta repeticiones terminales invertidas o TIR[17] que son reconocidas por la transposasa para mediar la movilización (Figura 8A). Esta se inicia con la unión de sendas moléculas de transposasa a las TIR del elemento en el *locus* donador y la generación de un corte de doble cadena. La unión sináptica de ambas transposasas captura el DNA del transposón y lo moviliza al *locus* receptor para la integración (Figura 8B).

La escisión del transposón del *locus* donador tiene lugar mediante una serie de reacciones de transesterificación que ocasionan una primera rotura en una de las hebras y la reacción de unión del grupo 3' hidroxilo generado con el grupo fosfato de la hebra complementaria que consuma el corte de ambas hebras (Hickman *et al.*, 2018; Mitra *et al.*, 2008) (Figura 8C). Además, esto conlleva a la generación de un *hairpin* en uno de los extremos de la rotura de doble cadena (Figura 8C). La reacción de integración ocurre por el ataque de ambos extremos 3' hidroxilo de las hebras del transposón a grupos fosfato en sendas hebras del *locus* receptor, catalizando una reacción inversa a la de escisión. Estos dos puntos de integración se encuentran ligeramente desplazados, ocasionando pequeños fragmentos de simple cadena a ambos lados de la inserción que deben ser reparados por la maquinaria celular, generando pequeñas duplicaciones flanqueantes o TSDs.

---

[17] *Terminal Inverted Repeats* (repeticiones terminales invertidas).

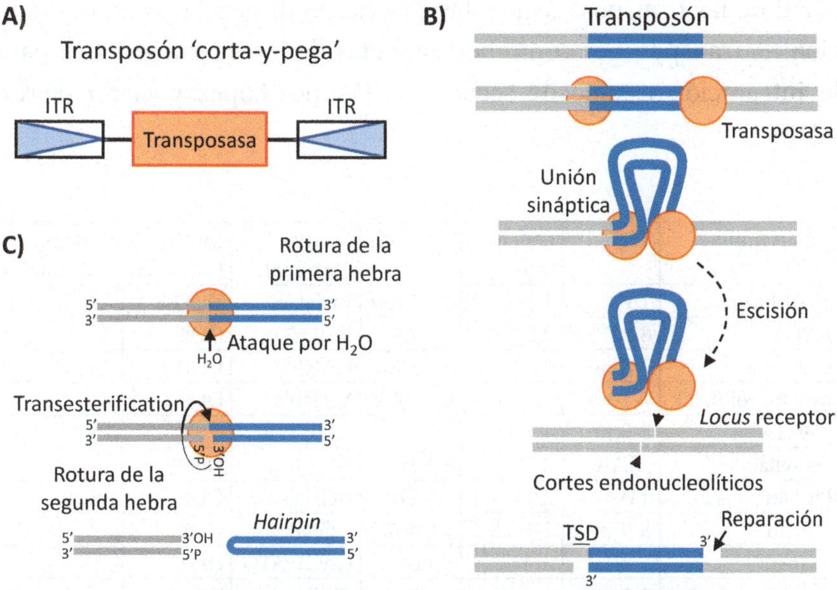

Figura 8. Mecanismos de movilización de transposones clásicos de «corta-y-pega». A) Estructura del elemento donde se representan las repeticiones inversas de los extremos (ITR) y el gen de la transposasa en naranja. B) En el esquema de movilización, las hebras de DNA de la secuencia del transposón se representan en azul. C) Reacción de escisión catalizada por la transposasa que conlleva a la formación de un *hairpin* en el extremo de la secuencia del transposón. En B y C las secuencias genómicas se representan en gris.

Existen hasta diez subfamilias de transposones clásicos que se diferencian en una serie de características (Tabla 1), como la preferencia por la secuencia del punto de inserción (frecuentemente TA), el motivo terminal de las TIR o el centro catalítico de la transposasa (Feschotte y Pritham, 2007). Este último está constituido por una triada de aminoácidos ácidos, diferenciándose aquellas que tienen tres residuos de aspártico (DDD) de las que tienen una sustitución por glutámico (DDE). Además, existen una cantidad significativa de transposones no autónomos que han tenido un gran éxito evolutivo, siendo destacables los MITE[18] (Bureau y Wessler, 1992; Feschotte y Wessler, 2002). Esta capacidad de movilización *in trans* y la especifi-

---

18 *Miniature Inverted-repeat Transposable Element* (elementos transponibles en miniatura con repeticiones invertidas).

cidad de las transposasas por las TIR ha permitido la amplia utilización de transposones como herramientas de ingeniería genética para la integración estable de secuencias (Munoz-Lopez y Garcia-Perez, 2010).

Superfamilia	TSD	Longitud (kb)	TIR (bp)	Motivo Terminal	Motivo Catalítico	Proteínas Adicionales
Tc1/Mariner	TA	1.2-5	17-1100	variable	DDD/E	
hAT	8 nt	2.5-5	10-25	YARNG	DDE	
P element	7-8 nt	3-11	13-150	CANRG	DDED	
MuDR/Foldback	7-10 bp	1.3-7.4	0->1000	Variable	DDE	
CACTA	2-3 nt	4.5-15	10-54	CMCWR		TNPA
PiggyBac	TTAA	2.3-6.3	12-19	CCYT	DDE?	
PIF/Harbinger	TWA	2.3-5.5	15-270	rico en GC	DDE	PIF2p
Merlin	8-9 nt	1.4-3.5	21-462	GGNRM	DDE	
Transib	5 nt	3-4	9-60	CACWATG	DDE	
Banshee	4-15 nt	3.5	41-950	TGT	DDE	

Tabla 1. Tipos de transposones clásicos de «corta-y-pega». Adaptada de Feschotte y Pritham, 2007. TNPA es una proteína de unión al DNA y PIF2p tiene un dominio Myb/SANT.

Helitrones

Al contrario que los transposones clásicos, los helitrones son transposones de DNA que codifican proteínas diferentes a las transposasas y que presentan un mecanismo de movilización replicativo. Estos elementos fueron descritos originalmente en el genoma de *Arabidopsis*, del arroz y de *Caenorhabditis elegans*, aunque luego se han encontrado en muchos otros organismos (Kapitonov y Jurka, 2001). La maquinaria de movilización de los helitrones autónomos se encuentra codificada principalmente en dos ORFs que tienen homología con DNA helicasas de tipo Pif1p o SF1, y con la proteína de replicación A (RPA[19]). Estas DNA helicasas presentan motivos comunes con proteínas Rep involucradas en el sistema de replicación del círculo rodante y que tienen capacidad de cortar y ligar DNA de cadena sencilla.

19 *Replication Protein A* (proteína de replicación, A).

Además, los helitrones presentan secuencias únicas flanqueantes de los mismos, conocidas como LTS y RTS[20] respectivamente en el lado 5' y 3' en sentido codificante.

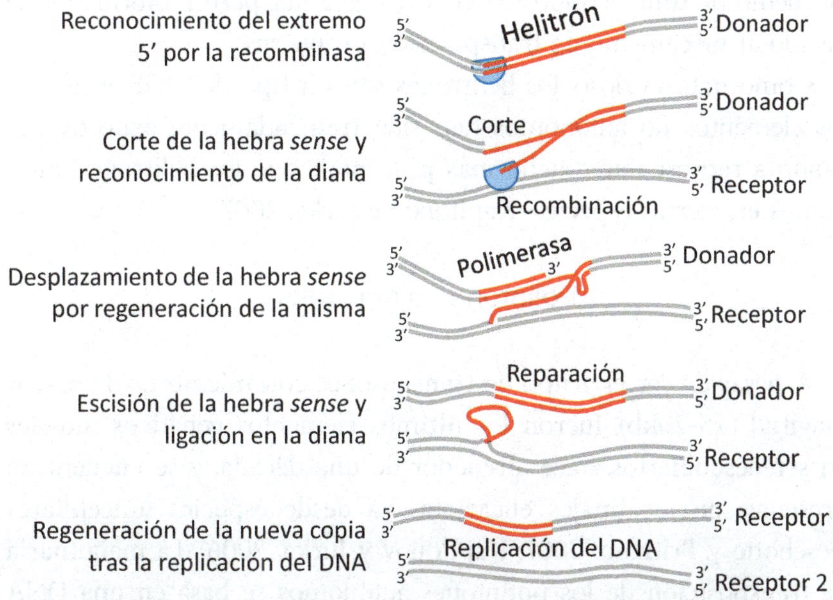

Figura 9. Mecanismos de movilización propuesto para helitrones. Las hebras del helitrón original se representan en rojo oscuro mientras que las hebras nuevamente sintetizadas se representan en rojo claro. Las secuencias genómicas se representan en gris.

El mecanismo de movilización de los helitrones no se conoce con exactitud, aunque se supone que parte de las reacciones enzimáticas que tienen lugar están catalizadas por factores celulares. El proceso se inicia con en el corte endonucleolítico del extremo 5´de la hebra positiva de un helitrón. La maquinaria de replicación celular utilizará el extremo 3' hidroxilo de este corte como cebador para la síntesis continua de una nueva hebra positiva al tiempo que se va desplazando la anterior. Una estructura del tipo *hairpin* en la RTS detiene esta síntesis y da pie a la liberación de la antigua hebra positiva. Esta terminará integrándose de algún modo y generando una nueva

20 *Left* y *Right Terminal Sequences* (repetición terminal izquierda y derecha).

copia en otro lugar del genoma (Figura 9), aunque también puede circularizarse y servir como molde para generar nuevas copias por el mecanismo del círculo rodante (Grabundzija *et al.*, 2018; Kapitonov y Jurka, 2001; Thomas y Pritham, 2015). Los helitrones se integran en medio de dinucleótidos 5'-AT-3' del genoma, pero no forman TSD debido al mecanismo de transposición propuesto.

Como dato curioso, los helitrones son un tipo de MGE en el que los elementos no autónomos han sido tremendamente exitosos, llegando a representar mucho más porcentaje que los helitrones autónomos en ciertas especies (Kapitonov y Jurka, 2007).

Polintones o Maveriks

A pesar de ser el grupo de transposones con miembros de mayor longitud (15-20kb), fueron los últimos elementos genéticos móviles en ser descubiertos, hace alrededor de una década, y se encuentran presentes en los linajes eucariotas ya desde especies unicelulares (Feschotte y Pritham, 2007; Kapitonov y Jurka, 2006). La maquinaria de transposición de los polintones autónomos se basa en una DNA polimerasa de tipo B o pDNAP[21] y una integrasa de tipo retroviral, aunque muchos de ellos también codifican un módulo de morfogénesis viral consistente en dos proteínas de cápsida, una proteína empaquetadora con actividad ATPasa y una proteasa (Krupovic *et al.*, 2016). Su maquinaria de replicación los asemeja con virus de tipo virófagos, como Sputnik o Mavirus (Fischer y Suttle, 2011; La Scola *et al.*, 2008), que parasitan virus nucleocitoplasmáticos de DNA de gran tamaño, también conocidos como virus gigantes. Así pues, estos son los únicos transposones de DNA que parecen tener una relación evolutiva con virus reales (Krupovic *et al.*, 2016).

Su mecanismo de movilización es todavía desconocido, aunque se especula que una de las hebras de DNA del *locus* donador debe desprenderse y servir de molde para la síntesis de la segunda hebra.

---

21 *Protein-primed DNA Polymerase* (DNA polimerasa cebada por una proteína).

El *locus* donador sería restaurado por la maquinaria celular de reparación del DNA mientras que la nueva copia de DNA bicatenario sería integrada en una nueva localización del genoma por la integrasa de tipo viral. De esta manera, los polintones tienen un mecanismo de movilización replicativo. La DNA polimerasa de tipo B de estos virófagos y polintones tiene homología con DNA polimerasas primadas por proteínas existentes en fagos y caracterizadas por primera vez por el grupo de la Dra. Margarita Salas en el Centro de Biología Molecular 'Severo Ochoa' de Madrid (Blanco *et al.*, 1992; Mendez *et al.*, 1997). Estas polimerasas son capaces de iniciar la síntesis de DNA sirviéndose del grupo hidroxilo de una serina presente en la proteína que hace de cebador y que queda unida covalentemente a la nueva hebra de DNA.

La especificidad de la maquinaria de transposición de estos elementos para discernir los extremos de la copia originaria y para catalizar la integración completa de la nueva copia parece residir en las repeticiones inversas terminales o TIR. El tamaño de las TIR varía entre 100 y 1200 nucleótidos dependiendo de la especie de elemento, aunque suelen mantener un consenso 5'-AG y CT-3' junto con dos o tres repeticiones en tándem (Kapitonov y Jurka, 2006). Además, la integración por la integrasa viral también tiene como consecuencia la generación de TSDs de 6 nucleótidos similares a las encontradas en ERVs. Este sistema de reconocimiento basado en TIRs ha permitido la aparición de elementos no autónomos flanqueados por TIRs con alta homología a las de sus elementos autónomos asociados, de los que se conocen ejemplos en pez cebra, en erizo de mar y en tunicados (Kapitonov y Jurka, 2006).

3.

Elementos genéticos móviles activos en humanos y su regulación

En el genoma humano existen solo tres grupos de elementos genéticos móviles todavía con copias competentes para movilización. Todos pertenecen al grupo de los retrotransposones no-LTR y hay un grupo autónomo y dos no autónomos que son movilizados por la maquinaria del primero. A continuación se describe la estructura y el mecanismo de retrotransposición de estos tres elementos (para una descripción más extensa ver Richardson *et al.*, 2015).

3.1. Long Interspersed Element 1, LINE-1 o L1

El elemento L1 es el único MGE autónomo activo descrito en humanos hasta la fecha. La secuenciación del genoma humano reveló que este presenta alrededor de medio millón de copias de L1 en su versión haploide (Lander *et al.*, 2001). Un análisis más profundo revela la existencia de numerosas familias de L1 que se habrían propagado en el genoma humano desde la divergencia con el ratón hace unos 70 millones de años (Lander *et al.*, 2001), distinguiéndose hasta 16 familias solo en la rama de los primates (Khan *et al.*, 2006). Solo algunos elementos de la familia más reciente (L1PA1), conocidos como L1 específicos de humano o L1HS, son todavía activos (Beck *et al.*, 2010; Brouha *et al.*, 2003; Sassaman *et al.*, 1997), mientras las demás copias no son competentes debido a deficiencias ocurridas durante su retrotransposición o a la acumulación de mutaciones en sus dominios funcionales (Grimaldi *et al.*, 1984; Lander *et al.*, 2001). Inicialmente se estimó que solo unas 5 copias de L1 del genoma humano eran altamente competentes para la retrotransposición (Brouha *et al.*, 2003), pero sucesivos estudios han ido descubriendo nuevas copias polimórficas que son también altamente activas (Beck *et al.*, 2011). Esto sugiere que una gran cantidad de copias de L1 activas pueden estar segregando en la población humana sujetas a selección natural y otras fuerzas evolutivas.

Una copia de L1 competente para retrotransposición consta de aproximadamente 6 kb de longitud que se transcribe en toda su longitud para generar el RNA intermediario poliadenilado y con extremo 5' *cap* (Figura 10A). Este transcrito presenta sendas regiones 5' y 3' no traducibles (UTR[22]) flanqueando dos ORFs no solapantes separados por una pequeña región intergénica y denominados ORF1 y ORF2 (Dombroski *et al.*, 1991). Este transcrito es generado desde la región 5' no codificante del elemento gracias a un promotor interno reconocido por la RNA polimerasa II (Swergold, 1990) y su transcripción natural termina con una señal de poliadenilación presente en la

[22] *UnTranslated Region* (región no traducida).

región 3' no codificante, que se encuentra fusionada a un segmento de poliadenina de longitud variable presente en la secuencia de DNA de la hebra *sense*. Además, la región 5' no codificante presenta también un promotor *antisense*, cuya transcripción genera un transcrito que contiene aproximadamente los primeros 500 nucleótidos de la secuencia de L1 y una secuencia de longitud variable conteniendo la región genómica en 5' (Speek, 2001). Este transcrito *antisense* contiene un ORF adicional, recientemente descrito, conocido como ORF0, que parece facilitar la retrotransposición aunque su mecanismo de acción es desconocido (Denli *et al.*, 2015).

La región básica del promotor *sense* de L1 parece estar contenido dentro de los primeros 100 nucleótidos de su secuencia, donde se encuentran los sitios de unión de factores esenciales para la transcripción como Yin Yang 1 (YY1) o RUNX3[23] (Athanikar *et al.*, 2004; Swergold, 1990; Yang *et al.*, 2003), aunque otros factores de transcripción como Sp1 o proteínas SOX[24] parecen unirse a otras regiones dentro de la región 5' no codificante y condicionar la transcripción (Fedorov *et al.*, 2006; Kuwabara *et al.*, 2009). Curiosamente, los mismos factores RUNX3 y YY1 parecen unirse internamente en la región 5' no codificante para activar el promotor *antisense* (Khan *et al.*, 2006; Yang *et al.*, 2003). Además de contribuir a la actividad del promotor *sense*, YY1 parece ser responsable del correcto emplazamiento de la maquinaria de transcripción para que esta comience en el nucleótido +1 (Athanikar *et al.*, 2004).

La regulación epigenética del promotor de L1 parece ser uno de los puntos fundamentales de control de la retrotransposición en humanos (Figura 10B), lo cual resulta particularmente importante en los primeros estadios del desarrollo embrionario, cuando las marcas de silenciamiento deben ser restablecidas como consecuencia de la

---

23 Runt-*related transcription factor* 3 (factor de transcripción relacionado con Runt, 3).

24 SRY-*like box* (motivo similar a SRY). Y SRY, *Sex-determining Region Y protein* (proteína de la región para determinación del sexo en el cromosoma Y).

reprogramación epigenética. La mayor parte de las copias de L1 son reconocidas por diferentes proteínas de la familia de KRAB-ZNF[25] que parecen haberse expandido y evolucionado para reconocer secuencias específicas de las diferentes familias de L1 (al igual que otros elementos genéticos móviles) en lo que parece ser una carrera de armamento (Castro-Diaz *et al.*, 2014). Sin embargo, parte de los elementos de la familia L1PA3, junto con las familias L1PA2 y L1PA1, proceden de un evento de evasión de este sistema de silenciamiento por deleción de la diana de unión en la secuencia de L1 (Jacobs *et al.*, 2014). Estas familias más recientes de L1 parecen silenciarse por metilación del DNA en una región rica en dinucleótidos CpG presente en la región 5' no codificante (Muotri *et al.*, 2010). El establecimiento de esta metilación parece estar mediada por pequeños RNAs celulares (Marchetto *et al.*, 2013), aunque recientemente se ha descrito que factores como el propio YY1 pueden también estar involucrados en este proceso (Sanchez-Luque *et al.*, 2019). Alternativamente, el complejo HUSH[26] parece mediar el remodelado de la cromatina para el silenciamiento de L1 (Liu *et al.*, 2018), aunque se desconoce si existe conexión entre estas dos vías.

La proteína codificada por el ORF1 (o ORF1p) tiene un peso de unos 40 kDa y se sintetiza por traducción dependiente de *cap* (Dmitriev *et al.*, 2007). En su extremo N-terminal contiene un dominio *coiled-coil* que media la formación de trímeros (Khazina *et al.*, 2011) y en su región central presenta un motivo de unión al RNA no-canónico que requiere, además, de una serie de nucleótidos conservados en el dominio C-terminal (Khazina y Weichenrieder, 2009). La proteína codificada por el ORF2 tiene aproximadamente 150 kDa (Ergün *et al.*, 2004) y se sintetiza en muy poca cantidad, aparentemente por un fenómeno de reiniciación desde un ribosoma que termina de traducir ORF1 (Alisch *et al.*, 2006). El dominio N-terminal presenta actividad

---

25 *Krüppel Associated Box - Zinc Finger* (motivo asociado a *Krüppel* - dedo de cinc). *Krüppel* es un gen cuyo nombre proviene del alemán y significa inválido o lisiado, debido al aspecto fenotípico de su mutación.

26 *Human Silencing Hub* (foco de silenciamiento en humanos).

tipo endonucleasa de sitios abásicos o APE (Feng *et al.*, 1996), mientras que el dominio central presenta actividad transcriptasa reversa (Mathias *et al.*, 1991). ORF2p presenta también un dominio de interacción con PCNA a continuación de la transcriptasa reversa en sentido C-terminal que podría mediar el reclutamiento de factores relacionados con la replicación o reparación del DNA para completar el proceso de retrotransposición (Taylor *et al.*, 2013) y un dominio rico en cisteínas en la región C-terminal que resulta esencial para la retrotransposición, pero cuyo papel no se conoce en detalle.

ORF2p se une preferentemente en *cis* al propio RNA que sirve de molde para su síntesis y, junto con ORF1 y el RNA intermediario, forma una ribonucleopartícula que es esencial para la retrotransposición (Kulpa y Moran, 2005, 2006) (Figura 10B). Esta unión en *cis* parece deberse a la ralentización de la traducción en la región final de ORF2p, permitiendo que el ORF2p naciente y parcialmente funcional se una a la cola de poliadenina del RNA intermediario de L1 por simple proximidad (Ahl *et al.*, 2015). Tras el transporte de la ribonucleopartícula de L1 al núcleo, la endonucleasa es la encargada de reconocer y cortar la diana de inserción para generar el extremo 3' hidroxilo del DNA que servirá como cebador de la transcripción reversa. Esta parece tener preferencia por motivos de secuencia 5'-TTTT/AA-3' (Cost y Boeke, 1998; Jurka, 1997), de manera que el oligómero de timina terminal aparea en la cola de poliadenina del RNA intermediario para cebar la reacción de transcripción reversa (Monot *et al.*, 2013). Algunos estudios han sugerido cierto tropismo de inserción de L1 en base a la accesibilidad de la endonucleasa al DNA diana debido al estado epigenético de este en base a ensayos *in vitro* o análisis de inserciones en tejidos sanos (Upton *et al.*, 2015). Sin embargo, estudios más profundos de transposición en cultivos celulares parecen apuntar a que cualquier posible tropismo está únicamente condicionado a la distribución en el genoma de motivos de unión de la endonucleasa (Flasch *et al.*, 2019; Sultana *et al.*, 2019).

A pesar de las actividades enzimáticas codificadas por L1, este ha de servirse de ciertos factores celulares para completar un ciclo de retrotransposición. Del mismo modo, existen muchos otros encaminados a impedir su movilización interfiriendo con los diferentes pasos del mismo (Figura 10B). Algunos actúan sobre el promotor de forma complementaria al silenciamiento epigenético, como la interleucina 16, cuya señalización parece secuestrar Sp1 e inhibir la transcripción de L1 (Hotter *et al.*, 2019). Igualmente, la ocupación de los sitios SOX de la secuencia de L1 por SOX2 en células progenitoras neuronales parece inhibir su expresión (Kuwabara *et al.*, 2009).

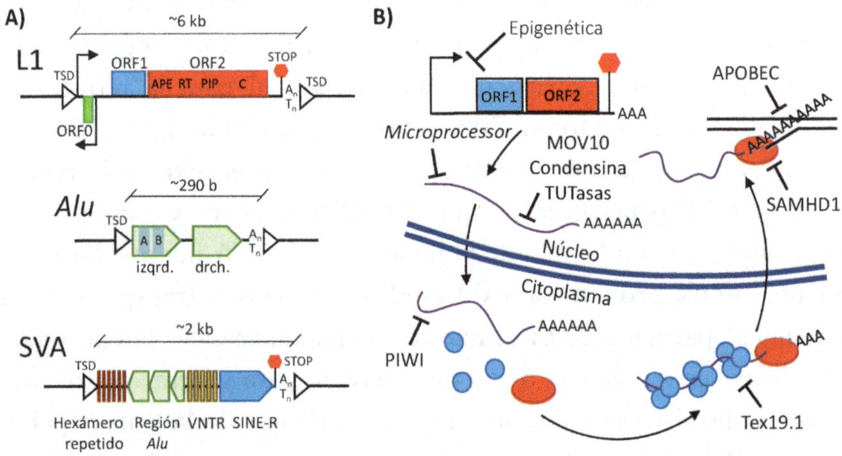

Figura 10. Retrotransposones activos en humanos y su mecanismo de movilización. A) Estructura de retrotransposones L1, *Alu* y SVA competentes. En el caso de L1, las cajas por encima de la línea central representan ORFs en orientación *sense* para el ARN intermediario de la retrotransposición, y la caja por debajo representa el ORF0 en posición *antisense*. En el caso de *Alu* y SVA, las cajas con forma de flecha representan regiones de homología con el RNA 7SL o con el elemento *Alu* respectivamente. Las cajas A y B del promotor de tipo DNA polimerasa III presentes en *Alu* se indican en el monómero izquierdo. El resto de componentes y regiones repetidas de SVA se indican debajo de la figura. En todos los casos, las flechas negras indican actividad promotora y los triángulos blancos representan las TSD. B) Esquema de movilización de L1 humano. El RNA es transcrito en el núcleo y traducido en el citoplasma, donde se forma una ribonucleopartícula por unión en *cis* de las proteínas y el ARN intermediario de L1, que retorna al núcleo para catalizar la reacción de transcripción reversa mostrada en la Figura 6.

Por su parte, el RNA mensajero de L1 puede sufrir *splicing* abortivo (Larson *et al.*, 2018) o poliadelinación prematura (Perepelitsa-Belancio y Deininger, 2003), derivando a especies no funcionales del mismo, o ser desestabilizado por componentes celulares. Por ejemplo, el complejo *Microprocessor* cataliza la maduración de los precursores de microRNAs, pero también reconoce el RNA intermediario de L1 y desencadena su degradación (Heras *et al.*, 2013). Otros factores celulares como GAIT, la condensina II, la helicasa MOV10 o la acción conjunta de esta última junto con la RNasa H2A o las uridil transferasas terminales parecen también atacar de alguna manera el RNA intermediario o interferir con otros procesos de la TPRT (Choi *et al.*, 2018; Ward *et al.*, 2017; Warkocki *et al.*, 2018). El grupo de la Dra. Sara R. Heras, de la Universidad de Granada, ha descubierto que existen microRNAs que reconocen el RNA intermediario de L1 y restringen su traducción (Tristan-Ramos *et al.* datos no publicados).

La maquinaria de L1 es blanco también de proteínas celulares como Tex19.1, que se une a ORF1p y media su degradación por la vía de la ubiquitina, contribuyendo a frenar la retrotransposición en situaciones fisiológicas en las que el silenciamiento del promotor está comprometido (MacLennan *et al.*, 2017). La enzima SAMHD1[27] parece inhibir la actividad de la transcriptasa reversa mediante la reducción del contenido de nucleótidos trifosfato (Zhao *et al.*, 2013), mientras que APOBEC3A[28] parece atacar el cDNA o los segmentos de cadena simple expuestos en el proceso de TPRT (Richardson *et al.*, 2014). APOBEC3A cataliza la conversión de residuos de citosina en uracilo por deaminación, los cuales serán reconocidos por la maquinaria de reparación del DNA en un proceso que involucra un corte de la hebra del DNA que termina truncando o eliminando totalmente el cDNA naciente de L1.

---

27 *SAM domain and HD domain-containing protein 1* (proteína con dominios SAM y HD, 1). SAM: *Sterile Alpha Motif* (motivo alfa estéril); y HD: dominio histidina-aspártico.

28 *Apolipoprotein B mRNA editing enzyme, catalytic polypeptide-like* (polipéptido catalítico similar al de la enzima de edición de mRNA apolipoproteína B).

3.2. *Alu*

Los elementos *Alu* son SINE presentes en el genoma humano que derivan del RNA 7SL celular y que se retrotransponen por TPRT asistidos por la maquinaria de L1 (Dewannieux *et al.*, 2003). Las copias de *Alu* no superan los 300 nucleótidos de longitud y se encuentran en el genoma humano en una cantidad superior al millón de copias, aunque solo representan el 11% del mismo debido a su pequeño tamaño (Lander *et al.*, 2001). Cada copia está constituida por dos repeticiones o monómeros en tándem derivados del RNA 7SL de la partícula de reconocimiento de la señal (Figura 10A). El monómero en 5' conserva el promotor tipo DNA polimerasa III del RNA 7SL (Chu *et al.*, 1995). La secuencia del mónomero de 3' ha degenerado y ya no presenta ninguno de los motivos, pero sí que ha incorporado un segmento de poliadenina en el extremo 3'. *Alu* no presenta en su secuencia ninguna señal de fin de transcripción para la RNA polimerasa III, que normalmente consiste en un segmento de 5 timinas, así que cada transcrito de RNA intermediario de *Alu* se extiende en la región genómica de 3' hasta alguna señal eventual de fin de transcripción (Chu *et al.*, 1995).

Alu presenta afinidad de unión a los ribosomas que traducen L1 debido al peculiar estado conformacional de este último inducido por la secuencia de ORF2. El extremo C-terminal de ORF2p, rico en lisina, ralentiza al ribosoma durante la traducción y este adquiere una conformación similar a la que tiene cuando es detenido por la partícula de reconocimiento de la señal para transporte del ribosoma al retículo endoplasmático. Así, la similitud evolutiva de *Alu* con dicha partícula le permite unir los mismos componentes de esta (SRP9 y SRP14[29]) (Bennett *et al.*, 2008; Sarrowa *et al.*, 1997) y formar una ribonucleopartícula capaz de unirse al ribosoma que traduce ORF2 (Ahl *et al.*, 2015). El segmento de poliadenina contenido en el

---

[29] *Signal Recognition Particle* (partícula del reconocimiento de la señal para traducción asociada al retículo).

RNA de *Alu* compite entonces con la cola de poliadenina del RNA de L1 por unir ORF2p.

Gracias a esta unión, el cebado de la transcripción reversa de *Alu* tiene lugar en la región de poliadenina codificada internamente dentro del mismo, no incorporándose en el *locus* receptor ninguna secuencia procedente de la transcripción de la región genómica flanqueante de la copia donadora (Doucet *et al.*, 2015). *Alu* presenta un promotor específico de la RNA polimerasa III, pero con algunas divergencias que quizá obedezcan a algún tipo de regulación, como puede ser la presencia de una zona rica en CpG o motivos de unión de YY1 (factores ambos, involucrados también en la regulación de L1) (Humphrey *et al.*, 1996).

De modo similar a como ocurre con L1, existen tres familias diferentes de secuencias de *Alu*, que se han expandido sucesivamente en el genoma humano. La familia *Alu*-J es la más antigua y se encuentra inactiva, mientras que varias subfamilias de la familia más reciente o *Alu*-Y, y quizá algunos elementos de la familia intermedia o *Alu*-S, son las que se encuentran activas actualmente (Batzer y Deininger, 2002; Konkel y Batzer, 2010).

3.3. SINE-VNTR-*Alu* o SVA

Los elementos SVA son retrotransposones no autónomos movilizados por la maquinaria de L1 en *trans* (Raiz *et al.*, 2012) y que aparecieron en el linaje de primates hace aproximadamente 25 millones de años (Hancks y Kazazian, 2010; Ostertag *et al.*, 2003), habiendo acumulado más de dos mil copias en el genoma humano (un 0.2% de este [Lander *et al.*, 2001]). Un elemento SVA competente tiene aproximadamente 2 kb de longitud y está compuesto de cuatro regiones identificables que, en orden 5' a 3' del sentido de la transcripción, son: una repetición del hexámero CCCTCT; un dominio con homología a *Alu* en orientación *antisense*; una región de número variable de repeticiones en tándem o VNTR[30] rica en GC; y una región conocida como SINE-R que guarda homología con el ERV inactivo HERVK-10, también fusionada a un segmento de poliadenina (Figura 10A). Se desconocen los mecanismos de transcripción y movilización de los elementos SVA, y su estudio está altamente dificultado por su naturaleza repetitiva interna. Sin embargo, la presencia de una señal de poliadenilación de transcritos sintetizados por la RNA polimerasa II parece indicar que su promotor debe ser reconocido por esta misma polimerasa (Hancks y Kazazian, 2010).

Existen varias familias de secuencias SVA nombradas de A a F, aunque las familias con más copias polimórficas, y que por tanto se presuponen potencialmente activas, son la D, E y F (incluyendo el subgrupo F1). Los SVA están ausentes del genoma de cercopitecos (o monos del viejo mundo), pero casi todos los componentes del SVA pueden ya encontrarse por separado en el genoma del macaco Rhesus (Han *et al.* 2007). Esto, junto con la identificación de eventos de movilización formas intermediarias de SVA ha llevado a la proposición de un modelo en que diferentes reorganizaciones genéticas y eventos de *splicing* habrían llevado sucesivamente a la generación de diferentes RNA substrato de retrotransposición hasta la generación de los elementos SVA (Hancks y Kazazian, 2010). Este modelo

[30] *Variable Number Tandem Repeat* (repetición tándem de número variable).

se ve apoyado por el descubrimiento del retrotransposón LAVA en gibones y otros primates no humanos (Ianc *et al.*, 2014). Este elemento habría derivado de un ancestro del SVA donde, en lugar de adquirir la región SINE-R, habría adquirido una secuencia con homología a *Alu* S y LINE-1 en su región 3' y que facilita la terminación de la transcripción y la poliadenilación del intermediario de RNA.

4.

DNA egoísta o motor evolutivo

Salvo en aquellos casos en que elementos genéticos móviles tengan acceso a transferencia horizontal, la perpetuación de los mismos está ligada a la de su hospedador. Se crea entonces un escenario de selección natural que favorece la acumulación de copias dentro del genoma del último. De esta manera, elementos más eficaces replicándose acumularán mayor número de copias, contrarrestando la inutilización de copias preexistentes por mutación natural. Esto se favorece por el hecho de que solo aquellas competentes pueden replicarse. No obstante, este fenómeno está reñido con el alto carácter deletéreo que pueden tener las nuevas inserciones de elementos genéticos móviles en la función del genoma del hospedador (revisado en Macia *et al.*, 2015). No es de extrañar que más de un centenar de casos de enfermedades de carácter hereditario se hayan vinculado a inserciones *de novo* de elementos genéticos móviles en humanos (revisado en Hancks y Kazazian, 2016).

De esta manera, la existencia y amplificación de elementos genéticos móviles debe ajustarse, *a priori*, a los márgenes en que influyen en su propia capacidad de replicación y en la eficacia biológica del hospedador en sí. Las nuevas inserciones están, como otros genes, sujetas a selección natural: se expandirán en el acervo de copias polimórficas de los individuos de dicha especie o desaparecerán de este de acuerdo con la presión impuesta por las fuerzas de la evolución como selección o deriva genética. Los elementos genéticos móviles constituyen, por tanto, una fuerte de variabilidad genética endógena y poco a poco se han ido describiendo un número significativo de eventos en los estos han sido protagonistas en el éxito evolutivo de las especies en que se replican (ver Schrader y Schmitz, 2019; y Feschotte y Pritham, 2007). Así surgen dos conceptos importantes, que son la domesticación molecular y la exaptación. La domesticación molecular ocurre cuando componentes de los elementos genéticos móviles o el elemento en sí se han acomodado para realizar una función que favorece al hospedador, manteniendo su actividad original. En cambio, la exaptación ocurre cuando tanto el propio elemento móvil o sus componentes se han modificado y seleccionado al efecto de cumplir funciones diferentes a las originales.

Quizá uno de los ejemplos más claros de domesticación molecular lo protagonizan el par de retrotransposones no-LTR autónomo y no autónomo TART y HeT-A en *Drosophila.* La adición de nueva secuencia de DNA a los telómeros del cromosoma de *Drosophila* debido a la utilización de sus extremos 3' hidroxilo como cebador para su retrotransposición compensa el acortamiento natural del cromosoma durante la replicación (Pardue y DeBaryshe, 2011). De esta manera, la movilización de estos MGEs contribuye al incremento de su número de copias al tiempo que facilita la supervivencia del hospedador. Esta domesticación ocurre en otros organismos como *Bombyx mori* (Fujiwara *et al.*, 2005) y *Giardia lamblia* (Arkhipova y Morrison, 2001). Además, existen evidencias de mecanismos que dirigen las ribonucleopartículas de estos elementos móviles a los telómeros involucrando ORF1p, lo que habría supuesto una presión para el mantenimiento de este ORF en el elemento no autónomo HeT-A (Raffa *et al.*, 2010; Rashkova *et al.*, 2002). Sin embargo, este fenómeno parece haber ido un paso más allá en algunos rotíferos donde la pérdida del dominio endonucleasa en su secuencia codificante ha restringido más aún sus opciones de integración a las regiones teloméricas (Gladyshev y Arkhipova, 2007). La similitud entre las telomerasas y las transcriptasas reversas de retrotransposones no-LTR también parece evidenciar lo que podría ser un evento de exaptación muy temprano en la evolución (Nakamura y Cech, 1998).

Posiblemente el ejemplo de domesticación molecular con más éxito en la evolución de los vertebrados fue el que originó el sistema de edición del *locus* de inmunoglobulina, que ocurrió en el origen de los vertebrados mandibulados y que es la base de la diversidad de anticuerpos generada por su sistema inmune. Dicho *locus* contiene tres series de segmentos conocidas como V (de *variable*), D (de *diversity*) y J (de *joining*) que son recombinados de forma aleatoria en cada célula, permitiendo que cada una genere un anticuerpo diferente. El corte y unión de los diferentes segmentos se conoce como recombinación V(D)J y es catalizado por las proteínas RAG1 y RAG2, que reconocen los extremos de las diferentes regiones gracias a la presencia de secuencias señal de recombinación o RSS[31] (Gellert, 2002). Existe una gran similitud entre la química de esta reacción y la de las transposasas de los transposones clásicos de DNA, hasta el punto de que en ocasiones pueden llegar a catalizar la trasposición de fragmentos del *locus* de la inmunoglobulina como consecuencia del proceso de recombinación (Chatterji *et al.*, 2006; Hiom *et al.*, 1998). El descubrimiento del transposón *Transib* en *Drosophila* (Kapitonov y Jurka, 2003) reveló que tanto su transposasa como sus TIRs guardaban homología con RAG1 y las RSS involucradas en la recombinación V(D)J (Gellert, 2002; Kapitonov y Jurka, 2005). En este caso, la proteína RAG1 habría evolucionado hacia un gen convencional desde una transposasa mediante la pérdida del resto de elementos de la secuencia del transposón, mientras que las RSS se habrían seleccionado para dirigirla hacia los fragmentos V, D y J.

Es altamente probable que el sistema inmune procariota CRISPR[32] para la defensa de bacterias y arqueas frente a infecciones virales también haya sido generado por transposones bacterianos (Krupovic *et al.*, 2014). Este sistema incorpora secuencias virales dentro del *locus* CRISPR mediante la acción de las endonucleasas Cas1 y 2[33].

---

31 *Recombination Signal Sequences* (secuencias señal para recombinación).

32 *Clustered Regularly Interspaced Short Palindromic Repeats* (repeticiones palindrómicas cortas, agrupadas y separadas regularmente).

33 *CRISPR-associated* (asociado a CRISPR).

Posteriormente, la transcripción de estas secuencias desde su nueva localización genómica será utilizada por la endonucleasa Cas9 para encontrar y degradar los ácidos nucleicos virales. Coincidentemente, los casposones son transposones bacterianos similares a polintones que utilizan una endonucleasa homóloga a Cas1 para su integración, sugiriendo un evento de domesticación molecular. Así, dos eventos de domesticación independientes habrían generado ambos sistemas de defensa tanto en vertebrados mandibulados como en procariotas.

Este doble evento no es el único caso en que domesticaciones independientes han generado sistemas similares en diferentes especies de organismos vivos. En la morfogénesis de la placenta de los mamíferos es necesaria la fusión de ciertas células para generar sincitiotrofoblastos, lo cual es catalizado por una proteína de membrana llamada sincitina[34]. Sorprendentemente, el origen del gen de la sincitina en diferentes especies puede trazarse a múltiples domesticaciones del gen *env* de retrovirus endógenos, concretamente HERV-W en el caso de humanos (Blond *et al.*, 2000; Kaneko-Ishino y Ishino, 2012). Esto se debe a que las espículas codificadas por el gen *env* original permiten la fusión de la envuelta de los ERVs con la membrana de las células diana. Esta propiedad de formación de partículas virales ha sido también domesticada en la forma del gen *Arc*, responsable del ensamblaje de partículas *pseudo*virales que encapsulan y transfieren RNA de neurona a neurona, y que deriva del gen *gag* de ERVs del grupo Ty3/*Gypsy* (Pastuzyn *et al.*, 2018).

Existen muchísimos otros ejemplos de domesticación y exaptación de proteínas procedentes de MGEs (Feschotte y Pritham, 2007; Kaneko-Ishino y Ishino, 2012; Schrader y Schmitz, 2019). Sin embargo, las propias copias de MGEs también pueden ser seleccionadas por la manera en que influyen en la regulación génica desde un *locus* específico, por ejemplo, mediante el efecto que la represión epigenética a la que están sujetos ejerce en los genes que las rodean (Ecco *et al.*, 2016). Del mismo modo, promotores LTR de retrovirus endógenos o solo-LTRs habrían sido seleccionados en múltiples *loci* para coordi-

---

34 En inglés, *syncytin*.

nar la transcripción de genes en circunstancias específicas (Franke *et al.*, 2017). En otras palabras, los elementos genéticos móviles habrían servido para dispersar marcas de regulación por todo el genoma, de las que posteriormente la evolución habría seleccionado positivamente aquellas que resultan ventajosas por establecer una red de regulación apropiada. Resulta interesante la exaptación de multitud de copias de L1 en primates para la expresión de ciertos genes desde su promotor *antisense*. La presencia de dos sitios donadores de *splicing* dentro de la secuencia del ORF0 de L1 permite la generación de transcritos quiméricos con secuencias genómicas en 5' de la inserción y provistos de un AUG iniciador de la traducción. Así, multitud de copias de L1 insertadas en *antisense* en 5´ del promotor o en los primeros intrones de ciertos genes pueden generar trascritos codificantes de ciertas proteínas completas o parcialmente truncadas fusionadas a ORF0 que pueden retener cierta funcionalidad. Esto ha provisto a ciertos genes de primates de un promotor alternativo y, por tanto, de la capacidad adicional de expresarse de acuerdo con la regulación de L1, llegando en muchos casos a depender exclusivamente de este (Denli *et al.*, 2015; Mätlik *et al.*, 2006).

Por último, otra manera notable de generar diversidad génica por los elementos genéticos móviles es mediante la movilización de otras secuencias génicas. Esto puede ocurrir por la movilización accidental de secuencias colindantes con la copia donadora, conocido como transducción, o mediante la retrotranscripción de RNAs celulares y su integración formando lo que se conoce por *pseudo*genes. Un caso llamativo de este tipo consiste en la inmunización de los monos *Aotus* o micos nocturnos frente al virus de la inmunodeficiencia humana de tipo 1 (HIV-1). Un *pseudo*gén completo de ciclofilina A (CypA) se encuentra insertado entre los exones 7 y 8 del gen *TRIM5*, no presenta ningún intrón y está flanqueado por TSDs similares a las de L1, apuntando a que fue producto de la transcripción reversa e integración de un mensajero maduro de CypA en *trans* por la maquinaria de L1 (Sayah *et al.*, 2004). Esto conlleva que la transcripción de esta secuencia dentro del nuevo *locus* genera por *splicing* una proteína quimérica entre TRIM5 y CypA (TRIMCyp) que conserva la actividad E3 ubiquitina ligasa de TRIM5 y la capacidad de unirse a la cápsida de HIV-1 de la CypA, de modo que facilita la ubiquitinación y degradación de las proteínas virales tras la infección y confiere inmunidad celular al HIV-1 post-infección.

5.

Retrotransposones en cáncer

Los retrotransposones tienen la posibilidad de generar enfermedades genéticas como en el caso del paciente de hemofilia descrito por el Dr. Haig Kazazian en 1988 (Kazazian *et al.*, 1988). Sin embargo, dos motivos han hecho que los elementos móviles no hayan recibido mucha atención en medicina: su aparente baja tasa de movilización y las bajas posibilidades de que sus inserciones *de novo* inutilicen un gen. Se estima que hay una nueva inserción de L1 heredable por cada 100-200 nacimientos (Ewing *et al.*, 2010) y esta solo ocasionaría una patología si ocurriera dentro del 2% del genoma que es de hecho codificante. Además, sería necesario que provocase una alteración significativa sin impedir que el desarrollo de ese individuo sea viable. Ahora se conoce que inserciones no exónicas pueden influenciar la expresión génica (Macia *et al.*, 2015), pero aun así, a día de hoy no se han descrito más que alrededor de una centena de casos de enfermedades genéticas derivadas de inserciones de retrotransposones humanos (Hancks y Kazazian, 2016). No obstante, existe una excepción muy relevante a todo lo anterior: el cáncer. En los últimos años se ha descubierto que los mecanismos responsables de controlar la movilización de L1 (y, por tanto, de los elementos no autónomos *Alu* y SVA) se encuentran alterados en muchos tipos de cáncer (Burns, 2017; Scott y Devine, 2017). Cuando estos mecanismos fallan, los elementos móviles escapan de la represión celular y su movilidad parece tener un impacto importante en el genoma de las células tumorales. En este apartado se examina la relación entre los únicos MGEs activos y autónomos en humanos, los retrotransposones L1, y el cáncer.

5.1. Tumores donde se ha detectado actividad de los retrotransposones

Hasta el momento, casi toda la retrotransposición somática se ha encontrado en tumores de origen epitelial (Scott y Devine, 2017). Los tumores con mayor actividad de LINE-1 son los de pulmón y colon, seguidos por tumores de esófago, páncreas y ovario (Tabla 2). También se ha detectado actividad, aunque a unos niveles mucho menores, en tumores de mama, hígado, riñón y próstata (Tabla 2). Por el contrario, las evidencias hasta el momento apuntan a que la retrotransposición en tumores cerebrales es inexistente o, como mínimo, tan infrecuente que no ha sido detectada aún (Carreira *et al.*, 2016).

<table>
<tr><th>Tipo de tumor</th><th>Referencias</th><th>Nivel de actividad</th></tr>
<tr><td>Pulmón</td><td>(Helman et al., 2014; Iskow et al., 2010)</td><td rowspan="2">+++</td></tr>
<tr><td>Colon</td><td>(Ewing et al., 2015; Lee et al., 2012; Pitkänen et al., 2014; Scott et al., 2016; Solyom et al., 2012; Tubio et al., 2014)</td></tr>
<tr><td>Esófago</td><td>(Doucet-O'Hare et al., 2015; Paterson et al., 2015)</td><td rowspan="3">++</td></tr>
<tr><td>Páncreas</td><td>(Rodić et al., 2015)</td></tr>
<tr><td>Ovario</td><td>(Lee et al., 2012; Nguyen et al., 2018; Tang et al., 2017)</td></tr>
<tr><td>Mama</td><td>(Tubio et al., 2014)</td><td rowspan="4">+</td></tr>
<tr><td>Hígado</td><td>(Schauer et al., 2018; Shukla et al., 2013)</td></tr>
<tr><td>Riñón</td><td>(Helman et al., 2014)</td></tr>
<tr><td>Próstata</td><td>(Lee et al., 2012; Tubio et al., 2014)</td></tr>
<tr><td>Cerebro</td><td>(Carreira et al., 2016)</td><td>-</td></tr>
</table>

Tabla 2. Tipos de tumores donde se ha encontrado actividad de LINE-1.

El motivo por el que L1 resulta activado es este tipo particular de tumores parece ser de índole multifactorial, aunque parece existir un fuerte componente relacionado con la regulación epigenética de su promotor. Multitud de grupos han descrito una hipometilación global del genoma en cáncer, por lo que no es sorprendente que surgiese la hipótesis de que la reactivación de los elementos móviles es una consecuencia directa de esta hipometilación global (Burns, 2017; Scott y Devine, 2017). Esto se ha corroborado en diversos estudios, no solo en cáncer sino en el desarrollo embrionario e incluso en el cerebro adulto (Garcia-Perez *et al.*, 2007, 2010; Sanchez-Luque *et al.*, 2019). De hecho, se han identificado varios L1 donadores de inserciones *de novo* en cáncer cuyo promotor estaba ya hipometilado en el tejido sano adyacente al tumor, lo que sugiere que existe una hipometilación pretumoral de ciertas copias en el tejido que puede incrementarse en el proceso tumoral y facilitar su movilización (Nguyen *et al.*, 2018; Schauer *et al.*, 2018; Scott *et al.*, 2016).

Esta activación de L1 es consistente con estudios de detección de ORF1p en muestras de distintos tipos de tumores mediante inmunocitoquímica. Esta proteína es detectable en el 90% o más de los tumores de mama, ovario y páncreas analizados, así como en el 50% o más de cáncer de esófago, colon o pulmón, y el 40% de próstata (Rodić *et al.*, 2014). Además, la cantidad de ORF1p no solo varía de unos tejidos a otros, sino también de unas muestras a otras dentro del mismo tipo de tumor (Rodić *et al.*, 2014). Esto puede deberse simplemente a variabilidad entre individuos en cuanto a la expresión de L1 (probablemente debido a diferencias en los niveles de metilación), o podría ser un reflejo de otras características del tumor como el grado de mutación de p53, que se ha demostrado que regula la movilizad de L1 en organismos modelo. Además, dada la multitud de proteínas encargadas de controlar los elementos L1 (revisión exhaustiva en Goodier, 2016), variaciones en los niveles de expresión de estos reguladores pueden alterar los niveles de retrotranposición.

5.2. Papel del L1 en oncogénesis y progresión tumoral

Dado su potencial mutagénico y su reactivación en ciertos cánceres, los retrotransposones humanos podrían jugar un papel importante en este tipo de patología. *A priori*, se han descrito cuatro casos de cáncer en los que una inserción de L1 parece haber sido el disparador del tumor (revisado en detalle en Scott y Devine, 2017). Dos de estas inserciones interrumpieron exones del gen *APC* (Miki *et al.*, 1992; Scott *et al.*, 2016), desatando cáncer de colon, y una interrumpió un exón del gen *PTEN* (Helman *et al.*, 2014), desatando un cáncer uterino. La cuarta inserción parece haber afectado a una secuencia reguladora dentro de un intrón del gen *ST18* (Shukla *et al.*, 2013) y esto parece haber disparado un cáncer de hígado. De todas ellas, quizá la más evidente es la descrita en uno de los individuos con cáncer de colon, donde la inserción interrumpió el exón 16 de uno de los alelos del gen *APC* en un paciente que ya disponía de una mutación puntual disruptiva en el otro alelo del mismo gen (Scott *et al.*, 2016). El gen *APC* es un gen supresor de tumor que se encuentra mutado en el 85% de los casos de cáncer de colon y la aparición de mutaciones que inhabiliten ambos alelos es esencial para disparar este tipo de cáncer (Fearon, 2011; Kinzler y Vogelstein, 1996).

Esta aparición de mutaciones sucesivas en sendos alelos de un gen relevante se conoce como el modelo del doble golpe[35] y, en el caso anterior, L1 dio el segundo golpe. Sin embargo, en otro estudio en el que se empleó secuenciación dirigida en muestras de cáncer hepático, se encontró un alto número de inserciones polimórficas de L1 en genes supresores de tumores (Shukla *et al.*, 2013). En este caso, no se pudo confirmar si una mutación en el segundo alelo de esos genes ocasionó la aparición del tumor. Pero no obstante este estudio pone de relevancia que inserciones polimórficas de L1 segregando en la

[35] En inglés, *two-hit pathway model*.

población humana pueden representar una predisposición a ciertos cánceres al constituir el primer golpe en este modelo de doble golpe.

Adicionalmente, L1 también puede contribuir con inserciones que potencian la progresión tumoral sin interrumpir genes supresores de tumores. Inserciones ya presentes en tejido precanceroso se han encontrado después en más abundancia en el tejido tumoral porque se amplificaron a través de selección (Doucet-O'Hare *et al.*, 2015). Es destacable un caso en que una inserción potencialmente activadora del gen *STC1* relacionado con quimiorresistencia apareció con mayor número de copias en tumores en un caso de recidiva después de un tratamiento de quimioterapia inicial (Nguyen *et al.*, 2018). Esto indica que quizá células portadoras de la inserción fueron seleccionadas durante el tratamiento. El hecho de que los mecanismos de control de L1 se atenúen en células tumorales podría suponer una fuente de diversidad genética que fomenta la progresión tumoral, justificando que la hipometilación del promotor de L1 se ha asociado con peor pronóstico de pacientes con cáncer de pulmón (Saito *et al.*, 2010).

6.

Mosaicismo del genoma somático

En las secciones anteriores se ha descrito cómo la movilización de L1 puede tener dramáticas consecuencias como enfermedades genéticas causadas por inserciones heredables o aparición y evolución de procesos oncológicos en el caso de inserciones somáticas. Sin embargo, se estima que existe una nueva inserción de L1 heredable en humanos cada 100-200 nacimientos y una gran parte de ellas no tienen, *a priori*, un fenotipo negativo (Ewing *et al.*, 2010). Extrapolando esto a las inserciones somáticas, existe un paradigma interesante acerca del posible papel de aquellas inserciones somáticas no adversas. El hecho de que el genoma de las diferentes células del organismo no sea una copia idéntica es lo que se conoce como mosaico del genoma somático y constituye una edición directa del genoma, un paso más allá de la regulación diferencial de la expresión génica en diferentes tejidos.

La presencia de gran número de inserciones acumuladas en el genoma humano indica que los retrotransposones son capaces de movilizarse en células de la línea germinal o, durante el desarrollo embrionario, en células que posteriormente contribuirán a la línea germinal. En el caso de hemofilia descrito por el Dr. Haig Kazazian en 1988 no se pudo determinar en qué momento del desarrollo de la madre del individuo afectado apareció la inserción de L1 causal de la enfermedad (Kazazian *et al.*, 1988). En cambio, en 2007 se detectó un caso de coroideremia debido a una inserción heredable de L1 también en un gen ligado al cromosoma X en un individuo varón y en este caso pudo comprobarse que su madre era un mosaico de células somáticas y germinales para la inserción (van den Hurk *et al.*, 2007), probando que elementos L1 endógenos puede movilizarse muy temprano en el desarrollo embrionario de humanos. El grupo del Dr. José Luis García Pérez en GENYO (Granada), entre otros, probaron mediante estudios en cultivos celulares que células embrionarias humanas y otros tipos celulares relacionados experimentan movilización de L1 (Garcia-Perez *et al.*, 2007, 2010; Klawitter *et al.*, 2016; Macia *et al.*, 2011; Wissing *et al.*, 2012). Experimentos similares probaron expresión de L1 en modelos murinos tanto en células embrionarias y germinales (Branciforte y Martin, 1994; Malki *et al.*, 2014) como en cultivos celulares similares (Kano *et al.*, 2009; Ostertag *et al.*, 2002). Actualmente existen numerosas líneas de investigación focalizadas en entender las implicaciones de la retrotransposición en células embrionarias que puedan ser utilizadas en clínica (Schumann *et al.*, 2019).

En un estudio de detección de inserciones somáticas de L1 endógenos en pedigrís de ratón reveló una tasa de inserciones heredables de 1 en al menos 1 de cada 8 individuos (Richardson *et al.*, 2017), aunque esta debería considerarse una estimación a la baja, pues está sujeta a ciertas limitaciones técnicas en el proceso de detección (Faulkner y Garcia-Perez, 2017). Pero el minucioso rastreo de estas inserciones heredables, tanto en los progenitores de los individuos en que fueron detectadas como en su descendencia, permitió trazar o acortar el momento y la población celular en que estas inserciones ocurrieron durante el desarrollo de los individuos. De las 11 inserciones encontradas, 6 habrían ocurrido muy temprano en el desarrollo embrionario del progenitor, estando presentes en células somáticas y germinales del mismo; 3 habrían ocurrido exclusivamente en la línea germinal del progenitor; y 2 habrían ocurrido extremadamente tarde en la línea germinal, de manera que no eran detectables en el progenitor a pesar de ser muy posiblemente heterocigotas en la descendencia. En lo que respecta a estas últimas, se ha sugerido incluso la posibilidad de que RNA intermediario de L1 depositado en las células de la línea germinal pueda mantenerse en el ovocito y retrotranscribirse e integrarse post-fertilización, en el genoma zigoto (Kano *et al.*, 2009; Richardson *et al.*, 2017).

En cualquier caso, estos estudios revelan el alto grado de mosaicismo que puede llegarse a alcanzar en tejidos de individuos adultos como consecuencia de la movilización de estos elementos durante etapas iniciales del desarrollo embrionario con el presunto objetivo de alcanzar la línea germinal y generar inserciones heredables. Sin embargo, el mosaicismo somático inducido por L1 se tornó especialmente interesante con los descubrimientos del grupo del Prof. Fred H. Gage del Salk Institute en California (Estados Unidos), cuando en 2005 se observó que células progenitoras neuronales de rata permitían retrotransposición *in vivo* de elementos L1 transgénicos (Muotri *et al.*, 2005). Esto fue posteriormente confirmado en células progenitoras neuronales humanas en cultivo (Coufal *et al.*, 2009) y el grupo del Dr. José Luis García Pérez en GENYO (Granada) descubrió también que L1 es activo en neuronas maduras en cultivo (Macia *et al.*, 2017). No obstante, la detección de movilización de L1 endógeno en tejido cerebral humano sano resulta un gran desafío por la imposibilidad del uso de elementos L1 reporteros transgénicos, requiriendo del uso de técnicas de secuenciación masiva de DNA de tejidos post-mortem y su posterior validación. Distintos estudios describieron inicialmente diferentes tasas de retrotransposición (Evrony *et al.*, 2012, 2016; Upton *et al.*, 2015). Sin embargo, los últimos datos apuntan a que existen entre 1 y 2 inserciones únicas por cada 25 neuronas, aunque estas pueden ser compartidas por hasta una quinta parte de ellas debido a su aparición en progenitores neuronales (Evrony *et al.*, 2015; Sanchez-Luque *et al.*, 2019).

Resulta enigmático el propósito evolutivo por el que se habría seleccionado esta activación de L1 restringida en tejidos somáticos donde las nuevas inserciones no van a ser heredables y, por tanto, seleccionables. Cabe la posibilidad, no obstante, de que esto constituya un tipo de edición del DNA similar a la recombinación V(D)J y que sienta la base de la diversidad de los anticuerpos. Podría ser este un caso recurrente en el que la evolución ha seleccionado un nuevo MGE para llevar a cabo una edición del genoma del individuo hospedador. En este sentido, el hecho de que las inserciones somáticas en neuronas presenten una tasa de aparición baja reduciría la frecuencia de aparición de inserciones deletéreas, mientras que su alta prevalencia favorecería el impacto potencial en caso de ocasionar un fenotipo distintivo. En cualquier caso, determinar exactamente la tasa de movilización, el tropismo de las nuevas inserciones tanto en el genoma como en los subtipos neuronales y, en última instancia, evaluar la función de este fenómeno, aún está por elucidar.

7.

Conclusiones

Los MGEs son una parte abundante y estructural del genoma de todos los organismos vivos cuya existencia y origen han supuesto un enigma en la disciplina de la genética. La abundancia de secuencias repetidas en los genomas ha dificultado su estudio y se ha tardado varias décadas en describir los diferentes MGEs y elucidar lo que se sabe de sus mecanismos de movilización y replicación. Sin embargo, se ha encontrado que las reacciones y actividades enzimáticas que intervienen en estos procesos están entroncadas en el mismo origen de la vida, compartidas por organismos procariotas, eucariotas y por varios grupos de virus. Como cualquier otra entidad biológica, su potencial replicativo es el motor de su propia evolución.

Cuando se analizan en una escala temporal evolutiva, se puede confirmar que la actividad de los MGEs ha contribuido a perfilar y aumentar la complejidad del genoma de sus hospedadores mediante la generación de nuevos genes y secuencias reguladoras o estructurales del mismo. En ocasiones, modificaciones similares han ocurrido en distintos organismos a través de eventos independientes. Sin embargo, también existen evidencias de una continua lucha entre los mecanismos de control de cada especie hospedadora y la evasión de sus MGEs. Enfermedades genéticas como el síndrome de Aicardi-Goutières, el síndrome de deleción 22q11 o la anemia de Fanconi están ocasionadas por la afección de genes implicados en la regulación o la movilización de estos elementos, aunque aún no se ha encontrado una relación de causalidad tan clara como sí ha ocurrido en un número de casos de cáncer. Igualmente, aunque sesgado por la facilidad de detección, los únicos fenotipos conocidos de inserciones heredables *de novo* son deletéreos o, cuando menos, neutros. Así pues, estas dos tendencias de los MGEs constituyen las dos caras de una misma moneda y deben mantenerse finamente equilibradas. Para ello, deben existir unos mecanismos de regulación muy precisos a la vez que suficientemente plásticos para poder adaptarse rápidamente a la evolución de los MGEs, los cuales solo recientemente se han empezado a elucidar.

No obstante, y quizá uno de los aspectos más intrigantes de la actividad de los MGEs, es su movilización somática, particularmente en órganos como el cerebro. Dado su potencial deletéreo y la no heredabilidad de las inserciones somáticas, estas no parecen obedecer al resultado de una presión selectiva para la perpetuación del propio MGE, lo que abre la puerta a una potencial función de este mosaico del genoma somático. La diversidad genética originada por la actividad de estos elementos en un órgano tan crucial como el cerebro puede formar parte de su complejo funcionamiento. Describir en detalle los mecanismos de regulación de MGEs y las patologías derivadas de su malfuncionamiento, así como el papel que puede tener la diversidad genética derivada de la actividad de MGEs en la fisiología del cerebro son áreas de investigación extremadamente complejas. Laboratorios como el de la Dra. Sara Rodriguez Heras y del Dr. José Luis García Pérez en el Centro de Genómica e Investigación Oncológica de Granada han aceptado este desafío.

8.

Bibliografía

Adams, J. W., Kaufman, R. E., Kretschmer, P. J., Harrison, M., & Nienhuis, A. W. (1980). A family of long reiterated DNA sequences, one copy of which is next to the human beta globin gene. *Nucleic Acids Research, 8*(24), 6113–6128. https://doi.org/10.1093/nar/8.24.6113

Ahl, V., Keller, H., Schmidt, S., & Weichenrieder, O. (2015). Retrotransposition and Crystal Structure of an Alu RNP in the Ribosome-Stalling Conformation. *Molecular Cell, 60*(5), 715–727. https://doi.org/10.1016/j.molcel.2015.10.003

Alisch, R. S., Garcia-Perez, J. L., Muotri, A. R., Gage, F. H., & Moran, J. V. (2006). Unconventional translation of mammalian LINE-1 retrotransposons. *Genes and Development, 20*(2), 210–224. https://doi.org/10.1101/gad.1380406

Arkhipova, I. R., & Morrison, H. G. (2001). Three retrotransposon families in the genome of Giardia lamblia: two telomeric, one dead. *Proceedings of the National Academy of Sciences of the United States of America, 98*(25), 14497–14502. https://doi.org/10.1073/pnas.231494798

Athanikar, J. N., Badge, R. M., & Moran, J. V. (2004). A YY1-binding site is required for accurate human LINE-1 transcription initiation. *Nucleic Acids Research, 32*(13), 3846–3855. https://doi.org/10.1093/nar/gkh698

Batzer, M. A., & Deininger, P. L. (2002). Alu repeats and human genomic diversity. *Nature Reviews Genetics, 3*(5), 370–379. https://doi.org/10.1038/nrg798

Beck, C. R., Collier, P., Macfarlane, C., Malig, M., Kidd, J. M., Eichler, E. E., . . . Moran, J. V. (2010). L1 retrotransposition acivity in human genomes. *Cell,* Vol. 147, pp. 1159–1170.

Beck, C. R., Garcia-Perez, J. L., Badge, R. M., & Moran, J. V. (2011). LINE-1 Elements in Structural Variation and Disease. *Annu Rev Genomics Hum Genet, 12*(60), 187-215. https://doi.org/10.1146/annurev-genom-082509-141802

Belshaw, R., Katzourakis, A., Pačes, J., Burt, A., & Tristem, M. (2005). High copy number in human endogenous retrovirus families is associated with copying mechanisms in addition to reinfection. *Molecular Biology and Evolution, 22*(4), 814–817. https://doi.org/10.1093/molbev/msi088

Benitez-Guijarro, M., Lopez-Ruiz, C., Tarnauskaitė, Ž., Murina, O., Mian Mohammad, M., Williams, T. C., . . . Garcia-Perez, J. L. (2018). RNase H2, mutated in Aicardi-Goutières syndrome, promotes LINE-1 retrotransposition. *The EMBO Journal, 37*(15), e98506. https://doi.org/10.15252/embj.201798506

Bennett, E. A., Keller, H., Mills, R. E., Schmidt, S., Moran, J. V., Weichenrieder, O., & Devine, S. E. (2008). Active Alu retrotransposons in the human genome. *Genome Research, 18*(12), 1875–1883. https://doi.org/10.1101/gr.081737.108

Blanco, L., Bernad, A., Esteban, J. A., & Salas, M. (1992). DNA-independent deoxynucleotidylation of the phi 29 terminal protein by the phi 29 DNA polymerase. *The Journal of Biological Chemistry, 267*(2), 1225–1230.

Blond, J. L., Lavillette, D., Cheynet, V., Bouton, O., Oriol, G., Chapel-Fernandes, S., . . . Cosset, F. L. (2000). An envelope glycoprotein of the human endogenous retrovirus HERV-W is expressed in the human placenta and fuses cells expressing the type D mammalian retrovirus receptor. *Journal of Virology, 74*(7), 3321–3329. https://doi.org/10.1128/jvi.74.7.3321-3329.2000

Boissinot, S., & Sookdeo, A. (2016). The evolution of LINE-1 in vertebrates. *Genome Biology and Evolution, 8*(12), 3485–3507. https://doi.org/10.1093/gbe/evw247

Branciforte, D., & Martin, S. L. (1994). Developmental and cell type specificity of LINE-1 expression in mouse testis: implications for transposition. *Molecular and Cellular Biology, 14*(4), 2584–2592. https://doi.org/10.1128/mcb.14.4.2584

Bringaud, F., García-Pérez, J. L., Heras, S. R., Ghedin, E., El-Sayed, N. M., Andersson, B., . . . Lopez, M. C. (2002). Identification of non-autonomous non-LTR retrotransposons in the genome of Trypanosoma cruzi. *Molecular and Biochemical Parasitology, 124*(1–2), 73–78.

Britten, R. J., & Kohne, D. E. (1968). Repeated sequences in DNA. Hundreds of thousands of copies of DNA sequences have been incorporated into the genomes of higher organisms. *Science (New York, N.Y.), 161*(3841), 529–540. https://doi.org/10.1126/science.161.3841.529

Brouha, B., Schustak, J., Badge, R. M., Lutz-Prigge, S., Farley, A. H., Moran, J. V., & Kazazian, H. H. (2003). Hot L1s account for the bulk of retrotransposition in the human population. *Proceedings of the National Academy of Sciences, 100*(9), 5280–5285. https://doi.org/10.1073/pnas.0831042100

Bureau, T. E., & Wessler, S. R. (1992). Tourist: a large family of small inverted repeat elements frequently associated with maize genes. *The Plant Cell, 4*(10), 1283–1294. https://doi.org/10.1105/tpc.4.10.1283

Burns, K. H. (2017). Transposable elements in cancer. *Nature Reviews Cancer, 17*(7), 415–424. https://doi.org/10.1038/nrc.2017.35

Carreira, P. E., Ewing, A. D., Li, G., Schauer, S. N., Upton, K. R., Fagg, A. C., . . . Johnston, P. (2016). Evidence for L1-associated DNA rearrangements and negligible L1 retrotransposition in glioblastoma multiforme. *Mobile DNA, 7*(1), 21. https://doi.org/10.1186/s13100-016-0076-6

Castro-Diaz, N., Ecco, G., Coluccio, A., Kapopoulou, A., Yazdanpanah, B., Friedli, M., . . . Trono, D. (2014). Evolutionally dynamic L1 regulation in embryonic stem cells. *Genes and Development, 28*(13), 1397–1409. https://doi.org/10.1101/gad.241661.114

Chatterji, M., Tsai, C.-L., & Schatz, D. G. (2006). Mobilization of RAG-generated signal ends by transposition and insertion in vivo. *Molecular and Cellular Biology, 26*(4), 1558–1568. https://doi.org/10.1128/MCB.26.4.1558-1568.2006

Choi, J., Hwang, S. Y., & Ahn, K. (2018). Interplay between RNASEH2 and MOV10 controls LINE-1 retrotransposition. *Nucleic Acids Research, 46*(4), 1912–1926. https://doi.org/10.1093/nar/gkx1312

Chu, W. M., Liu, W. M., & Schmid, C. W. (1995). RNA polymerase III promoter and terminator elements affect Alu RNA expression. *Nucleic Acids Research, 23*(10), 1750–1757. https://doi.org/10.1093/nar/23.10.1750

Cost, G. J., & Boeke, J. D. (1998). Targeting of human retrotransposon integration is directed by the specificity of the L1 endonuclease for regions of unusual DNA structure. *Biochemistry, 37*(51), 18081–18093. https://doi.org/10.1021/bi981858s

Cost, G. J., Feng, Q., Jacquier, A., & Boeke, J. D. (2002). Human L1 target-primed reverse transcription in vitro. *EMBO Journal, 21*(21), 5899–5910. https://doi.org/10.1093/emboj/cdf592

Coufal, N. G., Garcia-Perez, J. L., Peng, G. E., Yeo, G. W., Mu, Y., Lovci, M. T., . . . Gage, F. H. (2009). L1 retrotransposition in human neural progenitor cells. *Nature, 460*(7259), 1127–1131. https://doi.org/10.1038/nature08248

de la Peña, M., & Cervera, A. (2017). Circular RNAs with hammerhead ribozymes encoded in eukaryotic genomes: The enemy at home. *RNA Biology, 14*(8), 985–991. https://doi.org/10.1080/15476286.2017.1321730

DeBerardinis, R. J., & Kazazian, H. H. (1999). Analysis of the promoter from an expanding mouse retrotransposon subfamily. *Genomics, 56*(3), 317–323. https://doi.org/10.1006/geno.1998.5729

Denli, A. M., Narvaiza, I., Kerman, B. E., Pena, M., Benner, C., Marchetto, M. C. N., . . . Gage, F. H. (2015). Primate-Specific ORF0 Contributes to Retrotransposon-Mediated Diversity. *Cell, 163*(3), 583–893. https://doi.org/10.1016/j.cell.2015.09.025

Dewannieux, M., Dupressoir, A., Harper, F., Pierron, G., & Heidmann, T. (2004). Identification of autonomous IAP LTR retrotransposons mobile in mammalian cells. *Nature Genetics, 36*(5), 534–539. https://doi.org/10.1038/ng1353

Dewannieux, M., Esnault, C., & Heidmann, T. (2003). LINE-mediated retrotransposition of marked Alu sequences. *Nature Genetics, 35*(1), 41–48. https://doi.org/10.1038/ng1223

Dmitriev, S. E., Andreev, D. E., Terenin, I. M., Olovnikov, I. A., Prassolov, V. S., Merrick, W. C., & Shatsky, I. N. (2007). Efficient Translation Initiation Directed by the 900-Nucleotide-Long and GC-Rich 5' Untranslated Region of the Human Retrotransposon LINE-1 mRNA Is Strictly Cap Dependent Rather than Internal Ribosome Entry Site Mediated. *Molecular and Cellular Biology, 27*(13), 4685–4697. https://doi.org/10.1128/MCB.02138-06

Dombroski, B., Mathias, S., Nanthakumar, E., Scott, A., & Kazazian, H. (1991). Isolation of an active human transposable element. *Science (New York, N.Y.)*, *254*(5039), 1805–1808. https://doi.org/10.1126/science.1662412

Doucet-O'Hare, T. T., Rodić, N., Sharma, R., Darbari, I., Abril, G., Choi, J. A., . . . Kazazian, H. H. (2015). LINE-1 expression and retrotransposition in Barrett's esophagus and esophageal carcinoma. *Proceedings of the National Academy of Sciences of the United States of America*, *112*(35), E4894-900. https://doi.org/10.1073/pnas.1502474112

Doucet, A. J., Droc, G., Siol, O., Audoux, J., & Gilbert, N. (2015). U6 snRNA Pseudogenes: Markers of Retrotransposition Dynamics in Mammals. *Molecular Biology and Evolution*, *32*(7), 1815–1832. https://doi.org/10.1093/molbev/msv062

Ecco, G., Cassano, M., Kauzlaric, A., Duc, J., Coluccio, A., Offner, S., . . . Trono, D. (2016). Transposable Elements and Their KRAB-ZFP Controllers Regulate Gene Expression in Adult Tissues. *Developmental Cell*, *36*(6), 611–623. https://doi.org/10.1016/j.devcel.2016.02.024

Eickbush, D. G., & Eickbush, T. H. (1995). Vertical transmission of the retrotransposable elements R1 and R2 during the evolution of the Drosophila melanogaster species subgroup. *Genetics*, *139*(2), 671–684.

Eickbush, D. G., & Eickbush, T. H. (2010). R2 Retrotransposons Encode a Self-Cleaving Ribozyme for Processing from an rRNA Cotranscript. *Molecular and Cellular Biology*, *30*(13), 3142–3150. https://doi.org/10.1128/mcb.00300-10

Eickbush, T. H., & Malik, H. S. (2002). Origins and Evolution of Retrotransposons. In *Mobile DNA II* (pp. 1111–1144). https://doi.org/10.1128/9781555817954.ch49

Engels, W. R., Johnson-Schlitz, D. M., Eggleston, W. B., & Sved, J. (1990). High-frequency P element loss in Drosophila is homolog dependent. *Cell*, *62*(3), 515–525. https://doi.org/10.1016/0092-8674(90)90016-8

Ergün, S., Buschmann, C., Heukeshoven, J., Dammann, K., Schnieders, F., Lauke, H., . . . Schumann, G. G. (2004). Cell type-specific expression of LINE-1 open reading frames 1 and 2 in fetal and adult human tissues. *Journal of Biological Chemistry*, *279*(26), 27753–27763. https://doi.org/10.1074/jbc.M312985200

Evrony, G. D., Cai, X., Lee, E., Hills, L. B., Elhosary, P. C., Lehmann, H. S., . . . Walsh, C. A. (2012). Single-neuron sequencing analysis of l1 retrotransposition and somatic mutation in the human brain. *Cell, 151*(3), 483–496. https://doi.org/10.1016/j.cell.2012.09.035

Evrony, G. D., Lee, E., Mehta, B. K., Benjamini, Y., Johnson, R. M., Cai, X., . . . Walsh, C. A. (2015). Cell Lineage Analysis in Human Brain Using Endogenous Retroelements. *Neuron, 85*(1), 49–59. https://doi.org/10.1016/j.neuron.2014.12.028

Evrony, G. D., Lee, E., Park, P. J., & Walsh, C. A. (2016). Resolving rates of mutation in the brain using single-neuron genomics. *ELife, 5*(FEBRUARY2016), 1–32. https://doi.org/10.7554/eLife.12966

Ewing, A. D., Gacita, A., Wood, L. D., Ma, F., Xing, D., Kim, M. S., . . . Solyom, S. (2015). Widespread somatic L1 retrotransposition occurs early during gastrointestinal cancer evolution. *Genome Research, 25*(10), 1536–1545. https://doi.org/10.1101/gr.196238.115

Ewing, A. D., Kazazian, H. H., Ewing, A. D., & Kazazian, H. H. (2010). High-throughput sequencing reveals extensive variation in human-specific L1 content in individual human genomes High-throughput sequencing reveals extensive variation in human-specific L1 content in individual human genomes. *Genome Research*, (215), 1262–1270. https://doi.org/10.1101/gr.106419.110

Farabaugh, P. J., & Fink, G. R. (1980). Insertion of the eukaryotic transposable element Ty1 creates a 5-base pair duplication. *Nature, 286*(5771), 352–356. https://doi.org/10.1038/286352a0

Faulkner, G. J., & Garcia-Perez, J. L. (2017). L1 Mosaicism in Mammals: Extent, Effects, and Evolution. *Trends in Genetics, 33*(11), 802–816. https://doi.org/10.1016/j.tig.2017.07.004

Fearon, E. R. (2011). Molecular genetics of colorectal cancer. *Annual Review of Pathology, 6*(4), 479–507. https://doi.org/10.1146/annurev-pathol-011110-130235

Fedoroff, N., Wessler, S., & Shure, M. (1983). Isolation of the transposable maize controlling elements Ac and Ds. *Cell, 35*(1), 235–242. https://doi.org/10.1016/0092-8674(83)90226-X

Fedorov, A. V., Lukyanov, D. V., & Podgornaya, O. I. (2006). Identification of the proteins specifically binding to the rat LINE1 promoter. *Biochemi-*

cal and Biophysical Research Communications, 340(2), 553-559. https://doi.org/10.1016/j.bbrc.2005.12.040

Feng, Q., Schumann, G., & Boeke, J. D. (1998). Retrotransposon R1Bm endonuclease cleaves the target sequence. *Proceedings of the National Academy of Sciences of the United States of America, 95*(5), 2083-2088. https://doi.org/10.1073/pnas.95.5.2083

Feng, Qinghua, Moran, J. V., Kazazian, H. H., & Boeke, J. D. (1996). Human L1 retrotransposon encodes a conserved endonuclease required for retrotransposition. *Cell, 87*(5), 905-916. https://doi.org/10.1016/S0092-8674(00)81997-2

Feschotte, C., & Wessler, S. R. (2002). Mariner-like transposases are widespread and diverse in flowering plants. *Proceedings of the National Academy of Sciences, 99*(1), 280-285. https://doi.org/10.1073/pnas.022626699

Feschotte, Cédric, & Pritham, E. J. (2007). DNA Transposons and the Evolution of Eukaryotic Genomes. *Annual Review of Genetics, 41*(1), 331-368. https://doi.org/10.1146/annurev.genet.40.110405.090448

Fischer, M. G., & Suttle, C. A. (2011). A virophage at the origin of large DNA transposons. *Science (New York, N.Y.), 332*(6026), 231-234. https://doi.org/10.1126/science.1199412

Flasch, D. A., Macia, Á., Sánchez, L., Ljungman, M., Heras, S. R., García-Pérez, J. L., . . . Moran, J. V. (2019). Genome-wide de novo L1 Retrotransposition Connects Endonuclease Activity with Replication. *Cell, 177*(4), 837-851.e28. https://doi.org/10.1016/j.cell.2019.02.050

Franke, V., Ganesh, S., Karlic, R., Malik, R., Pasulka, J., Horvat, F., . . . Svoboda, P. (2017). Long terminal repeats power evolution of genes and gene expression programs in mammalian oocytes and zygotes. *Genome Research, 27*(8), 1384-1394. https://doi.org/10.1101/gr.216150.116

Freeman, J. D., Goodchild, N. L., & Mager, D. L. (1994). A modified indicator gene for selection of retrotransposition events in mammalian cells. *BioTechniques, 17*(1), 46,48-49,52.

Fujiwara, H., Osanai, M., Matsumoto, T., & Kojima, K. K. (2005). Telomere-specific non-LTR retrotransposons and telomere maintenance in the silkworm, Bombyx mori. *Chromosome Research : An International Journal on the Molecular, Supramolecular and Evolutionary Aspects of Chromosome Biology, 13*(5), 455–467. https://doi.org/10.1007/s10577-005-0990-9

Garcia-Perez, J. L., Marchetto, M. C. N., Muotri, A. R., Coufal, N. G., Gage, F. H., O'Shea, K. S., & Moran, J. V. (2007). LINE-1 retrotransposition in human embryonic stem cells. *Human Molecular Genetics, 16*(13), 1569–1577. https://doi.org/10.1093/hmg/ddm105

Garcia-Perez, J. L., Morell, M., Scheys, J. O., Kulpa, D. A., Morell, S., Carter, C. C., . . . Moran, J. V. (2010). Epigenetic silencing of engineered L1 retrotransposition events in human embryonic carcinoma cells. *Nature, 466*(7307), 769–773. https://doi.org/10.1038/nature09209

Gardner, E. J., Lam, V. K., Harris, D. N., Chuang, N. T., Scott, E. C., Pittard, W. S., . . . Devine, S. E. (2017). The Mobile Element Locator Tool (MELT): population-scale mobile element discovery and biology. *Genome Research, 27*(11), 1916–1929. https://doi.org/10.1101/gr.218032.116

Gellert, M. (2002). V(D)J Recombination: RAG Proteins, Repair Factors, and Regulation. *Annual Review of Biochemistry, 71*(1), 101–132. https://doi.org/10.1146/annurev.biochem.71.090501.150203

George, J. A., Traverse, K. L., DeBaryshe, P. G., Kelley, K. J., & Pardue, M.-L. (2010). Evolution of diverse mechanisms for protecting chromosome ends by Drosophila TART telomere retrotransposons. *Proceedings of the National Academy of Sciences, 107*(49), 21052–21057. https://doi.org/10.1073/pnas.1015926107

Gilbert, C., & Feschotte, C. (2018). Horizontal acquisition of transposable elements and viral sequences: patterns and consequences. *Current Opinion in Genetics and Development, 49*(2018), 15–24. https://doi.org/10.1016/j.gde.2018.02.007

Gladyshev, E. A., & Arkhipova, I. R. (2007). Telomere-associated endonuclease-deficient Penelope-like retroelements in diverse eukaryotes. *Proceedings of the National Academy of Sciences of the United States of America, 104*(22), 9352–9357. https://doi.org/10.1073/pnas.0702741104

Gogolevsky, K. P., Vassetzky, N. S., & Kramerov, D. A. (2009). 5S rRNA-derived and tRNA-derived SINEs in fruit bats. *Genomics, 93*(5), 494–500. https://doi.org/10.1016/j.ygeno.2009.02.001

Goodier, J. L., Ostertag, E. M., Du, K., & Kazazian H.H., J. (2001). A novel active L1 retrotransposon subfamily in the mouse. *Genome Research, 11*(10), 1677–1685. https://doi.org/10.1101/gr.198301

Goodier, John L. (2016). Restricting retrotransposons: a review. *Mobile DNA, 7*(1), 16. https://doi.org/10.1186/s13100-016-0070-z

Grabundzija, I., Hickman, A. B., & Dyda, F. (2018). Helraiser intermediates provide insight into the mechanism of eukaryotic replicative transposition. *Nature Communications, 9*(1). https://doi.org/10.1038/s41467-018-03688-w

Grimaldi, G., Skowronski, J., & Singer, M. F. (1984). Defining the beginning and end of KpnI family segments. *The EMBO Journal, 3*(8), 1753–1759.

Han, K., Konkel, M. K., Xing, J., Wang, H., Lee, J., Meyer, T. J., . . . Batzer, M. A. (2007). Mobile DNA in Old World monkeys: a glimpse through the rhesus macaque genome. *Science (New York, N.Y.), 316*(5822), 238–240. https://doi.org/10.1126/science.1139462

Hancks, D. C., & Kazazian, H. H. (2016). Roles for retrotransposon insertions in human disease. *Mobile DNA,* Vol. 7. https://doi.org/10.1186/s13100-016-0065-9

Hancks, D. C., & Kazazian, H. H. J. (2010). SVA retrotransposons: Evolution and genetic instability. *Seminars in Cancer Biology, 20*(4), 234–245. https://doi.org/10.1016/j.semcancer.2010.04.001

Hattori, M., Kuhara, S., Takenaka, O., & Sakaki, Y. (1986). L1 family of repetitive DNA sequences in primates may be derived from a sequence encoding a reverse transcriptase-related protein. *Nature, 321*(6070), 625–628. https://doi.org/10.1038/321625a0

Helman, E., Lawrence, M. S., Stewart, C., Sougnez, C., Getz, G., & Meyerson, M. (2014). Somatic retrotransposition in human cancer revealed by whole-genome and exome sequencing. *Genome Research, 24*(7), 1053–1063. https://doi.org/10.1101/gr.163659.113

Heras, S. R., López, M. C., García-Pérez, J. L., Martin, S. L., & Thomas, M. C. (2005). The L1Tc C-terminal domain from Trypanosoma cruzi non-long terminal repeat retrotransposon codes for a protein that bears two C2H2 zinc finger motifs and is endowed with nucleic acid chaperone activity. *Molecular and Cellular Biology, 25*(21), 9209–9220. https://doi.org/10.1128/MCB.25.21.9209-9220.2005

Heras, S. R., Maclas, S., Plass, M., Fernandez, N., Cano, D., Eyras, E., . . . Cáceres, J. F. (2013). The Microprocessor controls the activity of mammalian retrotransposons. *Nature Structural and Molecular Biology, 20*(10), 1173–1183. https://doi.org/10.1038/nsmb.2658

Hickman, A. B., Voth, A. R., Ewis, H., Li, X., Craig, N. L., & Dyda, F. (2018). Structural insights into the mechanism of double strand break formation by Hermes, a hAT family eukaryotic DNA transposase. *Nucleic Acids Research, 46*(19), 10286–10301. https://doi.org/10.1093/nar/gky838

Hiom, K., Melek, M., & Gellert, M. (1998). DNA transposition by the RAG1 and RAG2 proteins: a possible source of oncogenic translocations. *Cell, 94*(4), 463–470. https://doi.org/10.1016/s0092-8674(00)81587-1

Hohjoh, H., & Singer, M. F. (1996). Cytoplasmic ribonucleoprotein complexes containing human LINE-1 protein and RNA. *The EMBO Journal, 15*(3), 630–639. https://doi.org/10.1002/j.1460-2075.1996.tb00395.x

Hotter, D., Bosso, M., Jonsson, K. L., Krapp, C., Sturzel, C. M., Das, A., . . . Kirchhoff, F. (2019). IFI16 Targets the Transcription Factor Sp1 to Suppress HIV-1 Transcription and Latency Reactivation. *Cell Host & Microbe, 25*(6), 858-872.e13. https://doi.org/10.1016/j.chom.2019.05.002

Hughes, J. F., & Coffin, J. M. (2004). Human endogenous retrovirus K solo-LTR formation and insertional polymorphisms: Implications for human and viral evolution. *Proceedings of the National Academy of Sciences, 101*(6), 1668–1672. https://doi.org/10.1073/pnas.0307885100

Humphrey, G. W., Englander, E. W., & Howard, B. H. (1996). Specific binding sites for a pol III transcriptional repressor and pol II transcription factor YY1 within the internucleosomal spacer region in primate Alu repetitive elements. *Gene Expression, 6*(3), 151–168.

Ianc, B., Ochis, C., Persch, R., Popescu, O., & Damert, A. (2014). Hominoid Composite Non-LTR Retrotransposons - Variety, Assembly, Evolution, and Structural Determinants of Mobilization. *Molecular Biology and Evolution, 31*(11), 2847–2864. https://doi.org/10.1093/molbev/mst256

Iskow, R. C., McCabe, M. T., Mills, R. E., Torene, S., Pittard, W. S., Neuwald, A. F., . . . Devine, S. E. (2010). Natural mutagenesis of human genomes by endogenous retrotransposons. *Cell, 141*(7), 1253–1261. https://doi.org/10.1016/j.cell.2010.05.020

Jacobs, F. M. J., Greenberg, D., Nguyen, N., Haeussler, M., Ewing, A. D., Katzman, S., . . . Haussler, D. (2014). An evolutionary arms race between KRAB zinc-finger genes ZNF91/93 and SVA/L1 retrotransposons. *Nature, 516*(7530), 242–245. https://doi.org/10.1038/nature13760

Jurka, J. (1997). Sequence patterns indicate an enzymatic involvement in integration of mammalian retroposons. *Proceedings of the National Academy of Sciences, 94*(5), 1872–1877. https://doi.org/10.1073/pnas.94.5.1872

Kaneko-Ishino, T., & Ishino, F. (2012). The role of genes domesticated from LTR retrotransposons and retroviruses in mammals. *Frontiers in Microbiology, 3*(JUL), 1–10. https://doi.org/10.3389/fmicb.2012.00262

Kano, H., Godoy, I., Courtney, C., Vetter, M. R., Gerton, G. L., Ostertag, E. M., & Kazazian, H. H. (2009). L1 retrotransposition occurs mainly in embryogenesis and creates somatic mosaicism. *Genes and Development, 23*(11), 1303–1312. https://doi.org/10.1101/gad.1803909

Kapitonov, V. V., & Jurka, J. (2001). Rolling-circle transposons in eukaryotes. *Proceedings of the National Academy of Sciences, 98*(15), 8714–8719. https://doi.org/10.1073/pnas.151269298

Kapitonov, Vladimir V., & Jurka, J. (2005). RAG1 core and V(D)J recombination signal sequences were derived from Transib transposons. *PLoS Biology, 3*(6), 0998–1011. https://doi.org/10.1371/journal.pbio.0030181

Kapitonov, Vladimir V., & Jurka, J. (2006). Self-synthesizing DNA transposons in eukaryotes. *Proceedings of the National Academy of Sciences of the United States of America, 103*(12), 4540–4545. https://doi.org/10.1073/pnas.0600833103

Kapitonov, Vladimir V., & Jurka, J. (2007). Helitrons on a roll: eukaryotic rolling-circle transposons. *Trends in Genetics, 23*(10), 521–529. https://doi.org/10.1016/j.tig.2007.08.004

Kapitonov, Vladimir V, & Jurka, J. (2003). Molecular paleontology of transposable elements in the Drosophila melanogaster genome. *Proceedings of the National Academy of Sciences of the United States of America, 100*(11), 6569–6574. https://doi.org/10.1073/pnas.0732024100

Katzourakis, A., & Gifford, R. J. (2010). Endogenous Viral Elements in Animal Genomes. *PLoS Genetics, 6*(11), e1001191. https://doi.org/10.1371/journal.pgen.1001191

Kazazian, H. H., Wong, C., Youssoufian, H., Scott, a F., Phillips, D. G., & Antonarakis, S. E. (1988). Haemophilia A resulting from de novo insertion of L1 sequences represents a novel mechanism for mutation in man. *Nature, 332*(6160), 164–166. https://doi.org/10.1038/332164a0

Khan, H., Smit, A., & Boissinot, S. (2006). Molecular evolution and tempo of amplification of human LINE-1 retrotransposons since the origin of primates. *Genome Research, 16*(1), 78–87. https://doi.org/10.1101/gr.4001406

Khazina, E., & Weichenrieder, O. (2009). Non-LTR retrotransposons encode noncanonical RRM domains in their first open reading frame. *Proceedings of the National Academy of Sciences, 106*(3), 731–736. https://doi.org/10.1073/pnas.0809964106

Khazina, Elena, Truffault, V., Büttner, R., Schmidt, S., Coles, M., & Weichenrieder, O. (2011). Trimeric structure and flexibility of the L1ORF1 protein in human L1 retrotransposition. *Nature Structural and Molecular Biology, 18*(9), 1006–1014. https://doi.org/10.1038/nsmb.2097

Kinzler, K. W., & Vogelstein, B. (1996). Lessons from hereditary colorectal cancer. *Cell, 87*(2), 159–170. https://doi.org/10.1016/s0092-8674(00)81333-1

Klawitter, S., Fuchs, N. V., Upton, K. R., Muñoz-Lopez, M., Shukla, R., Wang, J., . . . Schumann, G. G. (2016). Reprogramming triggers endogenous L1 and Alu retrotransposition in human induced pluripotent stem cells. *Nature Communications, 7*, 10286. https://doi.org/10.1038/ncomms10286

Kolosha, V. O., & Martin, S. L. (1997). In vitro properties of the first ORF protein from mouse LINE-1 support its role in ribonucleoprotein particle formation during retrotransposition. *Proceedings of the National Academy of Sciences, 94*(19), 10155–10160. https://doi.org/10.1073/pnas.94.19.10155

Konkel, M. K., & Batzer, M. A. (2010). A mobile threat to genome stability: The impact of non-LTR retrotransposons upon the human genome. *Seminars in Cancer Biology, 20*(4), 211–221. https://doi.org/10.1016/j.semcancer.2010.03.001

Krastanova, O., Hadzhitodorov, M., & Pesheva, M. (2005). Ty elements of the yeast saccharomyces cerevisiae. *Biotechnology and Biotechnological Equipment, 19*(2005), 19–26. https://doi.org/10.1080/13102818.2005.10817272

Krupovic, M., Makarova, K. S., Forterre, P., Prangishvili, D., & Koonin, E. V. (2014). Casposons: A new superfamily of self-synthesizing DNA transposons at the origin of prokaryotic CRISPR-Cas immunity. *BMC Biology, 12,* 1–12. https://doi.org/10.1186/1741-7007-12-36

Krupovic, M., Yutin, N., & Koonin, E. V. (2016). Fusion of a superfamily 1 helicase and an inactivated DNA polymerase is a signature of common evolutionary history of Polintons, polinton-like viruses, Tlr1 transposons and transpovirons. *Virus Evolution, 2*(1), vew019. https://doi.org/10.1093/ve/vew019

Kulpa, D. A., & Moran, J. V. (2005). Ribonucleoprotein particle formation is necessary but not sufficient for LINE-1 retrotransposition. *Human Molecular Genetics, 14*(21), 3237–3248. https://doi.org/10.1093/hmg/ddi354

Kulpa, D. A., & Moran, J. V. (2006). Cis-preferential LINE-1 reverse transcriptase activity in ribonucleoprotein particles. *Nature Structural and Molecular Biology, 13*(7), 655–660. https://doi.org/10.1038/nsmb1107

Kuwabara, T., Hsieh, J., Muotri, A., Yeo, G., Warashina, M., Lie, D. C., . . . Gage, F. H. (2009). Wnt-mediated activation of NeuroD1 and retro-elements during adult neurogenesis. *Nature Neuroscience, 12*(9), 1097–1105. https://doi.org/10.1038/nn.2360

La Scola, B., Desnues, C., Pagnier, I., Robert, C., Barrassi, L., Fournous, G., . . . Raoult, D. (2008). The virophage as a unique parasite of the giant mimivirus. *Nature, 455*(7209), 100–104. https://doi.org/10.1038/nature07218

Lander, E. S., Linton, L. M., Birren, B., Nusbaum, C., Zody, M. C., Baldwin, J., . . . Morgan, M. J. (2001). Initial sequencing and analysis of the human genome. *Nature, 409*(6822), 860–921. https://doi.org/10.1038/35057062

Larson, P. A., Moldovan, J. B., Jasti, N., Kidd, J. M., Beck, C. R., & Moran, J. V. (2018). Spliced integrated retrotransposed element (SpIRE) formation in the human genome. In *PLoS Biology* (Vol. 16). https://doi.org/10.1371/journal.pbio.2003067

Lee, E., Iskow, R., Yang, L., Gokcumen, O., Haseley, P., Luquette, L. J., . . . Park, P. J. (2012). Landscape of Somatic Retrotransposition in Human Cancers. *Science, 337*(6097), 967–971. https://doi.org/10.1126/science.1222077

Li, W., Prazak, L., Chatterjee, N., Grüninger, S., Krug, L., Theodorou, D., & Dubnau, J. (2013). Activation of transposable elements during aging and neuronal decline in Drosophila. *Nature Neuroscience, 16*(5), 529–531. https://doi.org/10.1038/nn.3368

Liu, N., Lee, C. H., Swigut, T., Grow, E., Gu, B., Bassik, M. C., & Wysocka, J. (2018). Selective silencing of euchromatic L1s revealed by genome-wide screens for L1 regulators. *Nature, 553*(7687), 228–232. https://doi.org/10.1038/nature25179

Luan, D D, & Eickbush, T. H. (1995). RNA template requirements for target DNA-primed reverse transcription by the R2 retrotransposable element. *Molecular and Cellular Biology, 15*(7), 3882–3891. https://doi.org/10.1128/mcb.15.7.3882

Luan, Dongmei D., Korman, M. H., Jakubczak, J. L., & Eickbush, T. H. (1993). Reverse transcription of R2Bm RNA is primed by a nick at the chromosomal target site: A mechanism for non-LTR retrotransposition. *Cell, 72*(4), 595–605. https://doi.org/10.1016/0092-8674(93)90078-5

Macia, A, Blanco-Jimenez, E., & García-Pérez, J. L. (2015). Retrotransposons in pluripotent cells: Impact and new roles in cellular plasticity. *Biochimica et Biophysica Acta, 1849*(4), 417–426. https://doi.org/10.1016/j.bbagrm.2014.07.007

Macia, A, Munoz-Lopez, M., Cortes, J. L., Hastings, R. K., Morell, S., Lucena-Aguilar, G., . . . Garcia-Perez, J. L. (2011). Epigenetic control of retrotransposon expression in human embryonic stem cells. *Mol Cell Biol, 31*(2), 300–316. https://doi.org/10.1128/MCB.00561-10

Macia, Angela, Widmann, T. J., Heras, S. R., Ayllon, V., Sanchez, L., Benkaddour-Boumzaouad, M., . . . Garcia-Perez, J. L. (2017). Engineered LINE-1 retrotransposition in nondividing human neurons. *Genome Research, 27*(3), 335–348. https://doi.org/10.1101/gr.206805.116

MacLennan, M., García-Cañadas, M., Reichmann, J., Khazina, E., Wagner, G., Playfoot, C. J., . . . Adams, I. R. (2017). Mobilization of LINE-1 retrotransposons is restricted by Tex19.1 in mouse embryonic stem cells. *ELife, 6*, 1–32. https://doi.org/10.7554/eLife.26152

Mager, D. L., & Freeman, J. D. (2000). Novel Mouse Type D Endogenous Proviruses and ETn Elements Share Long Terminal Repeat and Internal Sequences. *Journal of Virology, 74*(16), 7221–7229. https://doi.org/10.1128/jvi.74.16.7221-7229.2000

Mager, Dixie L, & Stoye, J. P. (2015). Mammalian Endogenous Retroviruses. *Microbiology Spectrum*, 1079–1100. https://doi.org/10.1128/microbiolspec.mdna3-0009-2014

Majumdar, S., Singh, A., & Rio, D. C. (2013). The human THAP9 gene encodes an active P-element DNA transposase. *Science (New York, N.Y.)*, *339*(6118), 446–448. https://doi.org/10.1126/science.1231789

Maksakova, I. A., Romanish, M. T., Gagnier, L., Dunn, C. A., Van De Lagemaat, L. N., & Mager, D. L. (2006). Retroviral elements and their hosts: Insertional mutagenesis in the mouse germ line. *PLoS Genetics*, *2*(1), 1–10. https://doi.org/10.1371/journal.pgen.0020002

Malik, H. S. (2005). Ribonuclease H evolution in retrotransposable elements. *Cytogenetic and Genome Research*, *110*(1–4), 392–401. https://doi.org/10.1159/000084971

Malik, Harmit S, Burke, W. D., & Eickbush, T. H. (1999). The age and evolution of non-LTR retrotransposable elements. *Molecular Biology and Evolution*, *16*(6), 793–805. https://doi.org/10.1093/oxfordjournals.molbev.a026164

Malki, S., vanderHeijden, G. W., O'Donnell, K. A., Martin, S. L., & Bortvin, A. (2014). A Role for retrotransposon LINE-1 in fetal oocyte attrition in mice. *Developmental Cell*, *29*(5), 521–533. https://doi.org/10.1016/j.devcel.2014.04.027

Mamedov, I., Lebedev, Y., Hunsmann, G., Khusnutdinova, E., & Sverdlov, E. (2004). A rare event of insertion polymorphism of a HERV-K LTR in the human genome. *Genomics*, *84*(3), 596–599. https://doi.org/10.1016/j.ygeno.2004.04.010

Marchetto, M. C. N., Narvaiza, I., Denli, A. M., Benner, C., Lazzarini, T. A., Nathanson, J. L., . . . Gage, F. H. (2013). Differential L1 regulation in pluripotent stem cells of humans and apes. *Nature*, *503*(7477), 525–529. https://doi.org/10.1038/nature12686

Martin, J., Herniou, E., Cook, J., Waugh O'Neill, R., & Tristem, M. (1997). Human endogenous retrovirus type I-related viruses have an apparently widespread distribution within vertebrates. *Journal of Virology*, *71*(1), 437–443.

Martin, S. L. (2010). Nucleic acid chaperone properties of ORF1p from the non-LTR retrotransposon, LINE-1. *RNA Biology, 7*(6), 706–711. https://doi.org/10.4161/rna.7.6.13766

Martin, S. L., & Bushman, F. D. (2001). Nucleic acid chaperone activity of the ORF1 protein from the mouse LINE-1 retrotransposon. *Molecular and Cellular Biology, 21*(2), 467–475. https://doi.org/10.1128/MCB.21.2.467-475.2001

Mathias, S., Scott, A., Kazazian, H., Boeke, J., & Gabriel, A. (1991). Reverse transcriptase encoded by a human transposable element. *Science, 254*(5039), 1808–1810. https://doi.org/10.1126/science.1722352

Mätlik, K., Redik, K., & Speek, M. (2006). L1 Antisense Promoter Drives Tissue-Specific Transcription of Human Genes. *Journal of Biomedicine and Biotechnology, 2006*, 1–16. https://doi.org/10.1155/jbb/2006/71753

McClintock, B. (1950). The Origin and Behavior of Mutable Loci in Maize. *Genetics, 36*(6), 344–355. https://doi.org/10.1073/pnas.36.6.344

Mendez, J., Blanco, L., & Salas, M. (1997). Protein-primed DNA replication: a transition between two modes of priming by a unique DNA polymerase. *The EMBO Journal, 16*(9), 2519–2527. https://doi.org/10.1093/emboj/16.9.2519

Miki, Y., Nishisho, I., Horii, A., Miyoshi, Y., Utsunomiya, J., Kinzler, K. W., . . . Nakamura, Y. (1992). Disruption of the APC Gene by a Retrotransposal Insertion of L1 Sequence in a Colon Cancer. *Cancer Research, 52*(3), 643–645. https://doi.org/citeulike-article-id:13533271

Miller, K., Lynch, C., Martin, J., Herniou, E., & Tristem, M. (1999). Identification of multiple Gypsy LTR-retrotransposon lineages in vertebrate genomes. *Journal of Molecular Evolution, 49*(3), 358–366. https://doi.org/10.1007/PL00006559

Mitra, R., Fain-Thornton, J., & Craig, N. L. (2008). piggyBac can bypass DNA synthesis during cut and paste transposition. *EMBO Journal, 27*(7), 1097–1109. https://doi.org/10.1038/emboj.2008.41

Mizrokhi, L. J., Georgieva, S. G., & Ilyin, Y. V. (1988). jockey, a mobile drosophila element similar to mammalian LINEs, is transcribed from the internal promoter by RNA polymerase II. *Cell, 54*(5), 685–691. https://doi.org/10.1016/S0092-8674(88)80013-8

Monot, C., Kuciak, M., Viollet, S., Mir, A. A., Gabus, C., Darlix, J. L., & Cristofari, G. (2013). The Specificity and Flexibility of L1 Reverse Transcription Priming at Imperfect T-Tracts. *PLoS Genetics, 9*(5). https://doi.org/10.1371/journal.pgen.1003499

Moran, J., Holmes, S., & Naas, T. (1996). High frequency retrotransposition in cultured mammalian cells. *Cell, 87*, 917–927. https://doi.org/10.1016/S0092-8674(00)81998-4

Munoz-Lopez, M., & Garcia-Perez, J. (2010). DNA Transposons: Nature and Applications in Genomics. *Current Genomics, 11*(2), 115–128. https://doi.org/10.2174/138920210790886871

Muñoz-Lopez, M., Vilar-Astasio, R., Tristan-Ramos, P., Lopez-Ruiz, C., & Garcia-Pérez, J. L. (2016). Study of Transposable Elements and Their Genomic Impact. *Methods in Molecular Biology (Clifton, N.J.), 1400*, 1–19. https://doi.org/10.1007/978-1-4939-3372-3_1

Muotri, A R, Marchetto, M. C., Coufal, N. G., Oefner, R., Yeo, G., Nakashima, K., & Gage, F. H. (2010). L1 retrotransposition in neurons is modulated by MeCP2. *Nature, 468*(7322), 443. https://doi.org/10.1038/nature09544

Muotri, Alysson R., Chu, V. T., Marchetto, M. C. N., Deng, W., Moran, J. V., & Gage, F. H. (2005). Somatic mosaicism in neuronal precursor cells mediated by L1 retrotransposition. *Nature, 435*(7044), 903–910. https://doi.org/10.1038/nature03663

Nakamura, T. M., & Cech, T. R. (1998). Reversing time: origin of telomerase. *Cell, 92*(5), 587–590. https://doi.org/10.1016/s0092-8674(00)81123-x

Nevers, P., & Saedler, H. (1977). Transposable genetic elements as agents of gene instability and chromosomal rearrangements. *Nature, 268*(5616), 109–115. https://doi.org/10.1038/268109a0

Nguyen, T. H. M., Carreira, P. E., Sanchez-Luque, F. J., Schauer, S. N., Fagg, A. C., Richardson, S. R., . . . Faulkner, G. J. (2018). L1 Retrotransposon Heterogeneity in Ovarian Tumor Cell Evolution. *Cell Reports, 23*(13), 3730–3740. https://doi.org/10.1016/j.celrep.2018.05.090

Olivares, M., García-Pérez, J. L., Carmen Thomas, M., Heras, S. R., & Lopezl, M. C. (2002). The non-LTR (long terminal repeat) retrotransposon L1Tc from Trypanosoma cruzi codes for a protein with RNase H activity. *Journal of Biological Chemistry, 277*(31), 28025–28030. https://doi.org/10.1074/jbc.M202896200

Olivares, M., Thomas, M. C., Alonso, C., & López, M. C. (1999). The L1Tc, long interspersed nucleotide element from Trypanosoma cruzi, encodes a protein with 3'-phosphatase and 3'-phosphodiesterase enzymatic activities. *Journal of Biological Chemistry, 274*(34), 23883–23886. https://doi.org/10.1074/jbc.274.34.23883

Ostertag, E. M., DeBerardinis, R. J., Goodier, J. L., Zhang, Y., Yang, N., Gerton, G. L., & Kazazian, H. H. (2002). A mouse model of human L1 retrotransposition. *Nature Genetics, 32*(4), 655–660. https://doi.org/10.1038/ng1022

Ostertag, E. M., Goodier, J. L., Zhang, Y., & Kazazian, H. H. (2003). SVA Elements Are Nonautonomous Retrotransposons that Cause Disease in Humans. *The American Journal of Human Genetics, 73*(6), 1444–1451. https://doi.org/10.1086/380207

Otsu, M., Kajikawa, M., Okada, N., & Kawai, G. (2017). Solution structure of a reverse transcriptase recognition site of a LINE RNA from zebrafish. *Journal of Biochemistry, 162*(4), 279–285. https://doi.org/10.1093/jb/mvx026

Pace, J. K., Feschotte, C., & Ii, J. K. P. (2007). The evolutionary history of human DNA transposons: Evidence for intense activity in the primate lineage. *Genome Res.* 17(3), 422–432. https://doi.org/10.1101/gr.5826307

Pardue, M.-L., & DeBaryshe, P. G. (2011). Retrotransposons that maintain chromosome ends. *Proceedings of the National Academy of Sciences, 108*(51), 20317–20324. https://doi.org/10.1073/pnas.1100278108

Pastuzyn, E. D., Day, C. E., Kearns, R. B., Kyrke-Smith, M., Taibi, A. V., McCormick, J., . . . Shepherd, J. D. (2018). The Neuronal Gene Arc Encodes a Repurposed Retrotransposon Gag Protein that Mediates Intercellular RNA Transfer. *Cell, 172*(1–2), 275-288.e18. https://doi.org/10.1016/j.cell.2017.12.024

Paterson, A. L., Weaver, J. M. J., Eldridge, M. D., Tavaré, S., Fitzgerald, R. C., Edwards, P. A. W., & Consortium, O. (2015). Mobile element insertions are frequent in oesophageal adenocarcinomas and can mislead paired-end sequencing analysis. *BMC Genomics,* 1–14. https://doi.org/10.1186/s12864-015-1685-z

Perepelitsa-Belancio, V., & Deininger, P. (2003). RNA truncation by premature polyadenylation attenuates human mobile element activity. *Nature Genetics, 35*(4), 363–366. https://doi.org/10.1038/ng1269

Pitkänen, E., Cajuso, T., Katainen, R., Kaasinen, E., Välimäki, N., Palin, K., . . . Kilpivaara, O. (2014). Frequent L1 retrotranspositions originating from TTC28 in colorectal cancer. *Oncotarget, 5*(3), 853–859. https://doi.org/10.18632/oncotarget.1781

Potter, S. S., Brorein, W. J., Dunsmuir, P., & Rubin, G. M. (1979). Transposition of elements of the 412, copia and 297 dispersed repeated gene families in drosophila. *Cell, 17*(2), 415–427. https://doi.org/10.1016/0092-8674(79)90168-5

Quentin, Y. (1994). A master sequence related to a free left alu monomer (FLAM) at the origin of the B1 family in rodent genomes. *Nucleic Acids Research, 22*(12), 2222–2227. https://doi.org/10.1093/nar/22.12.2222

Raffa, G. D., Raimondo, D., Sorino, C., Cugusi, S., Cenci, G., Cacchione, S., . . . Ciapponi, L. (2010). Verrocchio, a Drosophila OB fold-containing protein, is a component of the terminin telomere-capping complex. *Genes & Development, 24*(15), 1596–1601. https://doi.org/10.1101/gad.574810

Raiz, J., Damert, A., Chira, S., Held, U., Klawitter, S., Hamdorf, M., . . . Schumann, G. G. (2012). The non-autonomous retrotransposon SVA is trans-mobilized by the human LINE-1 protein machinery. *Nucleic Acids Research, 40*(4), 1666–1683. https://doi.org/10.1093/nar/gkr863

Rashkova, S., Karam, S. E., Kellum, R., & Pardue, M. L. (2002). Gag proteins of the two Drosophila telomeric retrotransposons are targeted to chromosome ends. *Journal of Cell Biology, 159*(3), 397–402. https://doi.org/10.1083/jcb.200205039

Ray, DA;, F., C;, P., HJT, Ray, D., Feschotte, C., . . . Craig, N. L. (2008). Multiple waves of recent DNA transposon activity in the bat, Myotis lucifugus. *Genome Research, 18*(5), 717–728. https://doi.org/10.1101/gr.071886.107.6

Ribet, D., Louvet-Vallee, S., Harper, F., de Parseval, N., Dewannieux, M., Heidmann, O., . . . Heidmann, T. (2008). Murine Endogenous Retrovirus MuERV-L Is the Progenitor of the "Orphan" Epsilon Viruslike Particles of the Early Mouse Embryo. *Journal of Virology, 82*(3), 1622–1625. https://doi.org/10.1128/JVI.02097-07

Ribet, David, Dewannieux, M., & Heidmann, T. (2004). An active murine transposon family pair: Retrotransposition of "master" MusD copies and ETn trans-mobilization. *Genome Research, 14*(11), 2261–2267. https://doi.org/10.1101/gr.2924904

Ribet, David, Harper, F., Dewannieux, M., Pierron, G., & Heidmann, T. (2007). Murine MusD retrotransposon: structure and molecular evolution of an "intracellularized" retrovirus. *Journal of Virology, 81*(4), 1888–1898. https://doi.org/10.1128/JVI.02051-06

Richardson, S. R., Doucet, A. J., Kopera, H. C., Moldovan, J. B., Garcia-Perez, J. L., & Moran, J. V. (2015). The Influence of LINE-1 and SINE Retrotransposons on Mammalian Genomes. *Microbiology Spectrum, 3*(2). https://doi.org/10.1128/microbiolspec.MDNA3-0061-2014

Richardson, S. R., Gerdes, P., Gerhardt, D. J., Sanchez-Luque, F. J., Bodea, G. O., Muñoz-Lopez, M., . . . Faulkner, G. J. (2017). Heritable L1 retrotransposition in the mouse primordial germline and early embryo. *Genome Research, 27*(8), 1395–1405. https://doi.org/10.1101/gr.219022.116

Richardson, S. R., Narvaiza, I., Planegger, R. A., Weitzman, M. D., & Moran, J. V. (2014). APOBEC3A deaminates transiently exposed single-strand DNA during LINE-1 retrotransposition. *ELife, 2014*(3), 1–20. https://doi.org/10.7554/eLife.02008

Rodić, N., Sharma, R., Sharma, R., Zampella, J., Dai, L., Taylor, M. S., . . . Burns, K. H. (2014). Long interspersed element-1 protein expression is a hallmark of many human cancers. *American Journal of Pathology, 184*(5), 1280–1286. https://doi.org/10.1016/j.ajpath.2014.01.007

Rodić, N., Steranka, J. P., Makohon-Moore, A., Moyer, A., Shen, P., Sharma, R., . . . Burns, K. H. (2015). Retrotransposon insertions in the clonal evolution of pancreatic ductal adenocarcinoma. *Nature Medicine, 21*(9), 1060–1064. https://doi.org/10.1038/nm.3919

Ros, F., & Kunze, R. (2001). Regulation of Activator/Dissociation transposition by replication and DNA methylation. *Genetics, 157*(4), 1723–1733.

Saito, K., Kawakami, K., Matsumoto, I., Oda, M., Watanabe, G., & Minamoto, T. (2010). Long interspersed nuclear element 1 hypomethylation is a marker of poor prognosis in stage IA non-small cell lung cancer. *Clinical*

Cancer Research, 16(8), 2418–2426. https://doi.org/10.1158/1078-0432.CCR-09-2819

Sanchez-Luque, F. J., Kempen, M.-J. H. C., Gerdes, P., Vargas-Landin, D. B., Richardson, S. R., Troskie, R.-L., . . . Faulkner, G. J. (2019). LINE-1 Evasion of Epigenetic Repression in Humans. *Molecular Cell*, 1–15. https://doi.org/10.1016/j.molcel.2019.05.024

Sánchez-Luque, F. J., López, M. C., Maclas, F., Alonso, C., & Thomas, M. C. (2011). Identification of an hepatitis delta virus-like ribozyme at the mRNA 5′-end of the L1Tc retrotransposon from Trypanosoma cruzi. *Nucleic Acids Research, 39*(18), 8065–8077. https://doi.org/10.1093/nar/gkr478

Sanchez-Luque, F. J., Richardson, S. R., & Faulkner, G. J. (2016). Retrotransposon Capture Sequencing (RC-Seq): A Targeted, High-Throughput Approach to Resolve Somatic L1 Retrotransposition in Humans. In *Methods in molecular biology (Clifton, N.J.)* (Vol. 1400, pp. 47–77). https://doi.org/10.1007/978-1-4939-3372-3_4

Sarrowa, J., Chang, D. Y., & Maraia, R. J. (1997). The decline in human Alu retroposition was accompanied by an asymmetric decrease in SRP9/14 binding to dimeric Alu RNA and increased expression of small cytoplasmic Alu RNA. *Molecular and Cellular Biology, 17*(3), 1144–1151. https://doi.org/10.1128/mcb.17.3.1144

Sassaman, D. M., Dombroski, B. A., Moran, J. V., Kimberland, M. L., Naas, T. P., DeBerardinis, R. J., . . . Kazazian, H. H. (1997). Many human L1 elements are capable of retrotransposition. *Nature Genetics, 16*(1), 37–43. https://doi.org/10.1038/ng0597-37

Sayah, D. M., Sokolskaja, E., Berthoux, L., & Luban, J. (2004). Cyclophilin A retrotransposition into TRIM5 explains owl monkey resistance to HIV-1. *Nature, 430*(6999), 569–573. https://doi.org/10.1038/nature02777

Schauer, S. N., Carreira, P. E., Shukla, R., Gerhardt, D. J., Gerdes, P., Sanchez-Luque, F. J., . . . Faulkner, G. J. (2018). L1 retrotransposition is a common feature of mammalian hepatocarcinogenesis. *Genome Research*, 1–15. https://doi.org/10.1101/gr.226993.117

Schrader, L., & Schmitz, J. (2019). The impact of transposable elements in adaptive evolution. *Molecular Ecology, 28*(6), 1537–1549. https://doi.org/10.1111/mec.14794

Schumann, G. G., Fuchs, N. V., Tristán-Ramos, P., Sebe, A., Ivics, Z., & Heras, S. R. (2019). The impact of transposable element activity on therapeutically relevant human stem cells. *Mobile DNA, 10*(1), 1–23. https://doi.org/10.1186/s13100-019-0151-x

Scott, E. C., & Devine, S. E. (2017). The role of somatic L1 retrotransposition in human cancers. *Viruses, 9*(6), 131. https://doi.org/10.3390/v9060131

Scott, E. C., Gardner, E. J., Masood, A., Chuang, N. T., Vertino, P. M., & Devine, S. E. (2016). A hot L1 retrotransposon evades somatic repression and initiates human colorectal cancer. *Genome Research, 26*(6), 745–755. https://doi.org/10.1101/gr.201814.115

Shukla, R., Upton, K. R., Muñoz-Lopez, M., Gerhardt, D. J., Fisher, M. E., Nguyen, T., . . . Faulkner, G. J. (2013). Endogenous retrotransposition activates oncogenic pathways in hepatocellular carcinoma. *Cell, 153*(1), 101–111. https://doi.org/10.1016/j.cell.2013.02.032

Singer, M. F. (1982). SINEs and LINEs: highly repeated short and long interspersed sequences in mammalian genomes. *Cell, 28*(3), 433–434. https://doi.org/10.1016/0092-8674(82)90194-5

Singer, M. F., & Skowronski, J. (1985). Making sense out of LINES: long interspersed repeat sequences in mammalian genomes. *Trends in Biochemical Sciences, 10*(3), 119–122. https://doi.org/10.1016/0968-0004(85)90271-3

Solyom, S., Ewing, A. D., Rahrmann, E. P., Doucet, T., Nelson, H. H., Burns, M. B., . . . Kazazian, H. H. (2012). Extensive somatic L1 retrotransposition in colorectal tumors. *Genome Research, 22*(12), 2328–2338. https://doi.org/10.1101/gr.145235.112

Sonigo, P., Wain-Hobson, S., Bougueleret, L., Tiollais, P., Jacob, F., & Brulet, P. (1987). Nucleotide sequence and evolution of ETn elements. *Proceedings of the National Academy of Sciences, 84*(11), 3768–3771. https://doi.org/10.1073/pnas.84.11.3768

Sookdeo, A., Hepp, C. M., McClure, M. A., & Boissinot, S. (2013). Revisiting the evolution of mouse LINE-1 in the genomic era. *Mobile DNA, 4*(1), 1–15. https://doi.org/10.1186/1759-8753-4-3

Speek, M. (2001). Antisense Promoter of Human L1 Retrotransposon Drives Transcription of Adjacent Cellular Genes. *Molecular and Cellular Biology, 21*(6), 1973–1985. https://doi.org/10.1128/MCB.21.6.1973-1985.2001

Stocking, C., & Kozak, C. A. (2008). Endogenous retroviruses: Murine endogenous retroviruses. *Cellular and Molecular Life Sciences, 65*(21), 3383–3398. https://doi.org/10.1007/s00018-008-8497-0

Stoye, J P., & Coffin, J. M. (1987). The four classes of endogenous murine leukemia virus: structural relationships and potential for recombination. *Journal of Virology, 61*(9), 2659–2669.

Stoye, Jonathan P. (2001). Endogenous retroviruses: Still active after all these years? *Current Biology, 11*(22), 914–916. https://doi.org/10.1016/S0960-9822(01)00553-X

Streva, V. A., Jordan, V. E., Linker, S., Hedges, D. J., Batzer, M. A., & Deininger, P. L. (2015). Sequencing, identification and mapping of primed L1 elements (SIMPLE) reveals significant variation in full length L1 elements between individuals. *BMC Genomics, 16*(1), 1–12. https://doi.org/10.1186/s12864-015-1374-y

Sugano, T., Kajikawa, M., & Okada, N. (2006). Isolation and characterization of retrotransposition-competent LINEs from zebrafish. *Gene, 365*(1-2 SPEC. ISS.), 74–82. https://doi.org/10.1016/j.gene.2005.09.037

Sultana, T., van Essen, D., Siol, O., Bailly-Bechet, M., Philippe, C., Zine El Aabidine, A., . . . Cristofari, G. (2019). The Landscape of L1 Retrotransposons in the Human Genome Is Shaped by Pre-insertion Sequence Biases and Post-insertion Selection. *Molecular Cell, 74*(3), 555-570.e7. https://doi.org/10.1016/j.molcel.2019.02.036

Swergold, G. D. (1990). Identification, characterization, and cell specificity of a human LINE-1 promoter. *Molecular and Cellular Biology, 10*(12), 6718–6729. https://doi.org/10.1128/MCB.10.12.6718.Updated

Tang, Z., Steranka, J. P., Ma, S., Grivainis, M., Rodić, N., Huang, C. R. L., . . . Burns, K. H. (2017). Human transposon insertion profiling: Analysis, visualization and identification of somatic LINE-1 insertions in ovarian cancer. *Proceedings of the National Academy of Sciences, 114*(5), E733–E740. https://doi.org/10.1073/pnas.1619797114

Taylor, M. S., LaCava, J., Mita, P., Molloy, K. R., Huang, C. R. L., Li, D., . . . Dai, L. (2013). Affinity proteomics reveals human host factors implicated in discrete stages of LINE-1 retrotransposition. *Cell, 155*(5), 1034–1048. https://doi.org/10.1016/j.cell.2013.10.021

Thomas, J., & Pritham, E. J. (2015). Helitrons, the Eukaryotic Rolling-circle Transposable Elements. *Microbiology Spectrum, 3*(4), 1–32. https://doi.org/10.1128/microbiolspec.MDNA3-0049-2014

Thompson, P. J., Macfarlan, T. S., & Lorincz, M. C. (2016). Long Terminal Repeats: From Parasitic Elements to Building Blocks of the Transcriptional Regulatory Repertoire. *Molecular Cell, 62*(5), 766–776. https://doi.org/10.1016/j.molcel.2016.03.029

Tubio, J. M. C., Li, Y., Ju, Y. S., Martincorena, I., Cooke, S. L., Tojo, M., . . . Campbell, P. J. (2014). Mobile DNA in cancer. Extensive transduction of nonrepetitive DNA mediated by L1 retrotransposition in cancer genomes. *Science (New York, N.Y.), 345*(6196), 1251343. https://doi.org/10.1126/science.1251343

Upton, K. R., Gerhardt, D. J., Jesuadian, J. S., Richardson, S. R., Sanchez-Luque, F. J., Bodea, G. O., . . . Faulkner, G. J. (2015). Ubiquitous L1 mosaicism in hippocampal neurons. *Cell, 161*(2), 228–239. https://doi.org/10.1016/j.cell.2015.03.026

van den Hurk, J. A. J. M., Meij, I. C., del Carmen Seleme, M., Kano, H., Nikopoulos, K., Hoefsloot, L. H., . . . Cremers, F. P. M. (2007). L1 retrotransposition can occur early in human embryonic development. *Human Molecular Genetics, 16*(13), 1587–1592. https://doi.org/10.1093/hmg/ddm108

Ward, J. R., Vasu, K., Deutschman, E., Halawani, D., Larson, P. A., Zhang, D., . . . Longworth, M. S. (2017). Condensin II and GAIT complexes cooperate to restrict LINE-1 retrotransposition in epithelial cells. *PLoS Genetics, 13*(10), e1007051. https://doi.org/10.1371/journal.pgen.1007051

Waring, M., & Britten, R. J. (1966). Nucleotide sequence repetition: A rapidly reassociating fraction of mouse DNA. *Science, 154*(3750), 791–794. https://doi.org/10.1126/science.154.3750.791

Warkocki, Z., Krawczyk, P. S., Adamska, D., Bijata, K., Garcia-Perez, J. L., & Dziembowski, A. (2018). Uridylation by TUT4/7 Restricts Retrotransposition of Human LINE-1s. *Cell*, 174(6), 1537-1548. https://doi.org/10.1016/j.cell.2018.07.022

Wei, W., Gilbert, N., Ooi, S. L., Lawler, J. F., Ostertag, E. M., Kazazian, H. H., . . . Moran, J. V. (2001). Human L1 Retrotransposition: cis Preference versus trans Complementation. *Molecular and Cellular Biology, 21*(4), 1429–1439. https://doi.org/10.1128/MCB.21.4.1429-1439.2001

Weil, C. F., & Kunze, R. (2002). The hAT and CACTA Superfamilies of Plant Transposons. In *Mobile DNA II* (pp. 565–610). https://doi.org/10.1128/9781555817954.ch24

Weiss, R. A. (2006). The discovery of endogenous retroviruses. *Retrovirology, 3*, 1–11. https://doi.org/10.1186/1742-4690-3-67

Wissing, S., Mũoz-lopez, M., Macia, A., Yang, Z., Montano, M., Collins, W., . . . Greene, W. C. (2012). Reprogramming somatic cells into ips cells activates line-1 retroelement mobility. *Human Molecular Genetics, 21*(1), 208–218. https://doi.org/10.1093/hmg/ddr455

Witherspoon, D. J., Xing, J., Zhang, Y., Watkins, W. S., Batzer, M. A., & Jorde, L. B. (2010). Mobile element scanning (ME-Scan) by targeted high-throughput sequencing. *BMC Genomics, 11*(7), 410. https://doi.org/10.1186/1471-2164-11-410

Xiong, Y., & Eickbush, T. H. (1990). Origin and evolution of retroelements based upon their reverse transcriptase sequences. *The EMBO Journal, 9*(10), 3353–3362.

Yang, N., Zhang, L., Zhang, Y., & Kazazian, H. H. (2003). An important role for RUNX3 in human L1 transcription and retrotransposition. *Nucleic Acids Research, 31*(16), 4929–4940. https://doi.org/10.1093/nar/gkg663

Young, M. W. (1979). Middle repetitive DNA: a fluid component of the Drosophila genome. *Proceedings of the National Academy of Sciences, 76*(12), 6274–6278. https://doi.org/10.1073/pnas.76.12.6274

Zhang, L., & Rong, Y. S. (2012). Retrotransposons at Drosophila telomeres: Host domestication of a selfish element for the maintenance of genome integrity. *Biochimica et Biophysica Acta - Gene Regulatory Mechanisms, 1819*(7), 771–775. https://doi.org/10.1016/j.bbagrm.2012.01.018

Zhao, K., Du, J., Han, X., Goodier, J. L., Li, P., Zhou, X., . . . Yu, X. F. (2013). Modulation of LINE-1 and Alu/SVA Retrotransposition by Aicardi-Goutières Syndrome-Related SAMHD1. *Cell Reports, 4*(6), 1108–1115. https://doi.org/10.1016/j.celrep.2013.08.019

Made in United States
North Haven, CT
18 October 2026

20543557R10057